都市農村
交流事業による
地域づくり

農村における
中間支援機能に注目して

阪井 加寿子

筑波書房

はじめに

本書の意義

これまで農村では、過疎化や高齢化が進む自分たちの地域を元気にしようと農家や地域の住民が立ち上がり、団体を組織して都市との交流事業に取り組んできた。このような都市農村交流は研究面においてもその意義や効果が議論されており、特に、農村の住民が自主性をもって主体的に取り組む都市農村交流事業は、地域づくりの面からも評価されている。農村に生じたこれらの団体は、行政の支援を受けてさまざまな都市農村交流事業に取り組むとともに、農家・住民と行政の間を、また農家・住民と都市住民との間を取り持って中間支援を行った。そして、団体が取り組む都市農村交流事業は、農業・農村体験を目的にした修学旅行客の増加やインバウンド観光の農村への広がりによる外国人観光客の増加もあり、全国に拡大してきた。

しかしながら、このたびの新型コロナウイルス感染症の世界的な流行は、観光産業に大きな打撃を与え、農村においても都市農村交流事業に一時的な停滞がみられる。感染症対策から都道府県をまたぐ移動の自粛が求められ、また、海外からのインバウンド観光も止まったことから都市農村交流事業は縮小した。地域のお母さん方が中心になって営む農産物直売所や農家レストランは、自主休業や来店客の減少により経営が厳しくなり、また、修学旅行やインバウンド受入れの中心である農家民泊もキャンセルが相次ぎ、受入農家自身も感染を恐れて事業を中断した。

一方、コロナウイルス流行の状況下において、都市住民の生活意識に変化が生じており、国が行ったアンケート調査をみると、東京に住む若者を中心に地方移住への関心が高まっている。

このようなときに、あえて都市農村交流を論ずる本書の意義は、次の３点にあると考える。

第１に、都市農村交流に関する研究や農村における地域づくり研究の蓄積に資することである。都市農村交流研究については、農村の村落研究や地域政策、農業経済研究、また、観光学研究などの視点から研究が行われてきた。特に、1990年代にグリーンツーリズムが西欧からわが国に導入されると、農村の地域づくりと結びついたグリーンツーリズムに注目が集まった。日本型のグリーンツーリズムが発展した背景や意義について、農村社会の内部に視点をおいて論じた研究（内向き）、また、外来型地域開発に対抗し地域の自律を重視した内発的発展論から、都市との連携や外部人材の活用など農村外部との関係に視点をおいて論じた研究（外向き）がある。いずれの研究においても、農村の地域づくりに有用であると「中間支援組織」の必要性が論じられており、本書の中間支援機能に注目した研究は、都市農村交流の新たな研究蓄積に寄与するものであると考える。

第２に、都市農村交流の発展過程を整理し、歴史的な面から行政と農家、また都市住民と地域住民との関係を明らかにすることである。農家や地域住民による地域づくりを目的にした都市農村交流事業は、都市と農村の分離・対立、農村の過疎・高齢化の深まり、農林業の縮小など、農村をとりまく厳しい状況に対応し、国の施策による後押しを受けて発展してきた。事業を行うために組織された団体は行政の支援を受け、経済性よりも農村の地域づくりを目的に都市住民との交流活動や移住支援などの都市農村交流事業を行ってきた。このような都市農村交流を担う地域の団体が、行政と地域の農家、地域住民と都市住民の間でどのような役割をもって「中間支援機能」を担ってきたか、地域づくりの視点から考察する。

第３に、都市農村交流事業を実証的に考察し、アフターコロナの新しいステージにおいて都市農村交流の進展をめざすことである。農村の過疎化、高齢化の流れは今後さらに加速し、続いていくものと想定される。最近では、都市農村交流において「関係人口」という用語もよく使われる。農村の地域づくりや存続において、地域と継続して多様なかかわりを保つ都市住民を増やすことが必要である。現在のコロナ禍において交流事業は停滞しているが、コロナの収束後には、新しい時代に対応した受入れが求められる。IT技術の進歩やリモートワークの普及により、ワーケーションなど旅行先で働き、また、地方で暮らしながら都会の企業で働くことが可能な時代に入ってきた。地方に目を向ける都市住民や企業も増加しており、コロナ禍で活動量が減少し、時間が生まれた今こそ、改めて都市農村交流事業や地域づくりを考えることが必要ではないだろうか。先行的な取組みで得られた知見は、事業を継続するため取組みを模索する地域、また新たに事業を始めようとする地域に役立つものであると考える。本書が農村内部における検討の一助になれば幸いである。

本書では、都市農村交流事業の考察にあたり和歌山県で行われてきた都市農村交流事業を取り上げる。本県では、京阪神の都市圏に近接するという地域性もあり、地域の住民は早い段階から都市農村交流による地域振興に取り組んでおり、特徴ある官民連携のしくみが見られる。グリーンツーリズムでは、1999年の「南紀熊野体験博」を契機に農村に「ほんまもん体験」と銘打った体験型観光が広がり、農家民泊をはじめ、農家レストランや宿泊施設、安全・安心で新鮮な食を求めて都市住民が通う農産物直売所が整備された。また、移住者の受入れでは、行政による林業の担い手対策としての緑の雇用事業や就農支援の一環の農業研修などが行われ、さらに2006年には、官民協働して農村移住支援のしくみが作られた。那智勝浦町色川地域では、40年前から住民による移住者の受入れが行われており、官民協働のしくみにはこのような先行的な地域も加わった。地域における都市農村交流事業は、農業・農村振興の観点から行政の支援対象になり、筆者も行政の立場から、農家や地域の住民が内発的に取り組む地域づくりに注目してきた。

都市農村交流を概観し、行政の関与・支援の度合い、また、農村社会との関係性からみると、さまざまな交流活動をコミュニティビジネスと農村移住関連の２つに分類することができる。農村においてコミュニティビジネスを行う団体と農村移住支援事業を行う団体の中間支援機能に注目し、行政との関係はもとより、都市住民など農村外部に対する「外向き」、また、農家など農村内部における「内向き」の視点から分析し、地域の持続的発展について考察する。

本書の構成と概要

本書では、次の構成により、都市農村交流事業による地域づくりについて、農村における中間支援機能に注目して論じていく。

序章において、都市農村交流事業の背景を、農村の過疎の現状と都市住民の農村志向の高まりから論じ、都市農村交流を都市住民の農村における滞在時間に着目し、農村での一時滞在から、都市と農村の二地域居住や都市と農村を往復する田舎暮らし、さらに農村へ移住し定住するなど幅広く、さまざまな都市と農村の交流が行われていることを示す。

第１章では、都市農村交流の展開と研究の到達点を論じる。都市農村交流の画期区分を試み、それぞれの時代における交流の特徴を整理する。そして都市農村交流に関する研究について、「農村内部（内向き）に視点をおいた研究」と「農村外部である都市との関係（外向き）に視点をおいた研究」から研究動向を整理し、その到達点と本書の目的を示す。

第２章では、都市農村交流事業における中間支援機能と行政との関係を明らかにするため、都市農村交流にかかる国の施策を整理する。時代画期による都市農村交流施策の展開について、１．都市農村交流の前史～発現期、２．都市農村交流の初動期、３．都市農村交流の拡大・発展期、４．新しい都市農村交流の展開期のそれぞれの画期において、都市と農村をとりまく状況と都市農村交流に関する法整備や国の施策形成について論じ、都市農村交流における中間支援機能を歴史的に示す。

第３章と第４章では、都市農村交流事業を実証的に考察するために、コミュニティビジネスを行い地域の経営活動を担う団体（以下、地域の経営体という。）と都市住民の農村移住を支援する団体を取り上げる。

第３章では、行政の関与・支援が比較的小さく、事業における農村社会との関わりがそれほど深くないコミュニティビジネスの面から見ていく。和歌山県田辺市にある都市農村交流施設「秋津野ガルテン」の運営団体、(株)秋津野の中間支援機能について「完熟みかんのオーナー制度」に参加する農家の調査をふまえて考察し、コミュニティビジネスの成立・発展段階における中間支援機能を明らかにする。

第4章では、都市住民の農村移住を支援する事業について、和歌山県における取組みを取り上げる。まず、「緑の雇用事業」など農林業の担い手対策の目的で実施された行政による就業支援型の移住支援事業を取り上げる。そして紀美野町における事例から、行政の関与・支援や農村社会とのかかわりが比較的大きい都市住民の農村移住受入れについて、ＵＩターン移住者へのアンケート調査をふまえて、移住支援を行う団体である「NPO法人きみの定住を支援する会」の中間支援機能を明らかにする。また、那智勝浦町色川地域における「色川地域振興推進委員会」の中間支援機能を取り上げ、40年の歴史がある民間主導の移住支援事業を補足する。

終章では、全体を総括するとともに、研究をふまえ地域の持続的な発展に資する都市農村交流の中間支援のあり方について提示する。

目　次

序章　農村の現状と都市農村交流

1．農村における過疎化

自然に囲まれ、四季折々に美しい風景が広がる日本の農村とそこで営まれている農業は、食料の供給にとどまらず、農村文化の伝承、国土保全、水源の涵養など環境保全、癒しややすらぎの提供や子どもの体験学習などにおいて多面的な機能を有しており、農村の存続は、そこに暮らす地域の住民だけでなく都市住民にとっても大変に価値がある。しかしながら、農村の過疎化は山間部から平野部へと拡大が続いており、人口減少や高齢化により、地域の住民が相互に扶助し合ってきた生活の維持や農林業による生産活動、また里山や水路など農村をとりまく環境の維持・管理が難しくなっている。わが国の農業・農村政策も、特に1990年以降、それまでの機械化、化学化による大規模経営をめざす生産主義の政策から、多面的機能を主軸に形成された政策へと移行してきた（田林 2013）。近年の農村地域における過疎化や高齢化の深まりは農村の機能を低下せしめ、農村の抱える問題はさらに深刻の度を増している。

政府の公式文書で初めて「過疎」の言葉が使われたのは「経済社会発展計画（1967年３月閣議決定）」であり、次いで「経済審議会地域部会報告（1967年10月）」であったとされる[1)]。高度経済成長を契機に農村の若者が第２次産業、第３次産業の仕事を求めて農村から都市部へと大量に流出し、農村では人口減少が続いた。「過疎地域」とは、人口の著しい減少により生活水準や生産機能の維持が困難になった地域をいう。過疎問題が顕在化してきた1970年に「過疎地域対策緊急措置法」が制定されて以降、過疎対策立法（一般に過疎法と総称される。）が４次にわたり制定され、2000年に成立した過

表序-1　過疎対策立法

制定	法律名称	目　的	公示市町村数 過疎市町村数／ 全市町村数 A／B	A／B
1970	過疎地域対策緊急措置法	人口の過度な減少防止／地域社会の基盤強化／住民福祉の向上／地域格差の是正	当初 776/3,280	23.7%
1980	過疎地域振興特別措置法	過疎地域の振興／住民福祉の向上／雇用の拡大／地域格差の是正	当初 1,119/3,255	34.4%
1990	過疎地域活性化特別措置法	過疎地域の活性化／住民福祉の向上／雇用の拡大／地域格差の是正	当初 1,143/3,245	35.2%
2000	過疎地域自立促進特別措置法 （法期限を 2021.3 まで延長）	過疎地域の自立促進／住民福祉の向上／雇用の拡大／地域格差の是正／美しく風格ある国土形成	当初 1,171/3,229 （2018.4） 817/1,718	47.5%

資料：総務省「平成 29 年度版過疎対策の現況」より作成。

疎地域自立促進特別措置法は、当初の期限が2021年３月まで延長されている（**表序-1**）。

過疎法の出発点は、農村と都市部の生活基盤の差を縮小することであった。過疎地域における生活環境をできるだけ都市部に近づけて住みよくし、また、地域の産業を振興して働く場を作り、過疎地域の人口流出を食い止めることを企図するものであった。法期限とともに新しく制定された過疎法にもとづき、生活環境や産業基盤を整備する公共事業に対し、財政上の特別措置や民間事業への税制上の優遇など、各種の支援措置が実施された。過疎地域をかかえる自治体はこれらの支援策により産業振興、生活基盤の整備、雇用の創出、さらに農村環境の保全に向けた過疎対策事業を実施し、地域の定住環境の向上につとめてきた。

しかしながら、全国的に過疎地域は拡大傾向にあり、過疎地域の人口は減少し続けている。過疎地域については、それぞれの市町村の人口減少率および財政力指数等から地域指定が行われている。全国の過疎地域の状況をみると、1970年の法制定当初に指定を受けた市町村数は776で、全国の市町村総

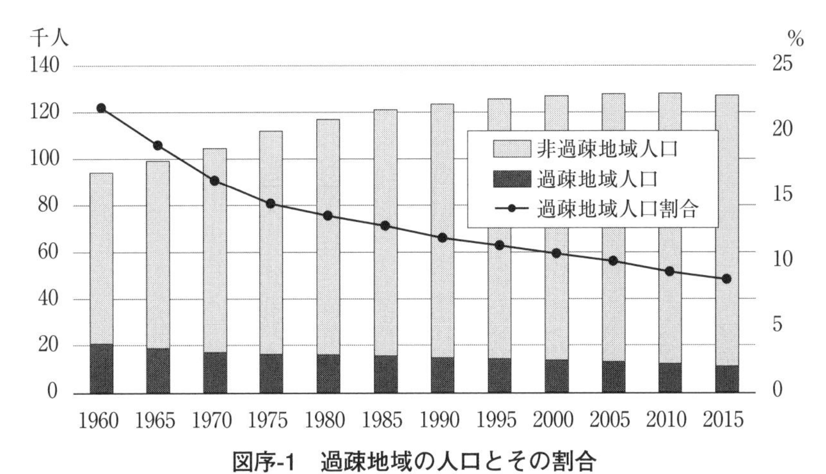

図序-1　過疎地域の人口とその割合

資料：総務省「平成29年度版過疎対策の現況」より引用。

数3,280に対する割合は23.7％であった。その後、人口減少による過疎の深まりや過疎地域の要件の見直しにより、2018年には過疎関係市町村数が817に増加し、全国の市町村総数1,718に対する割合は47.5％に上昇している。

また、過疎地域の現状（2018年4月1日現在）をみると、面積は225,468km^{2}に拡大し、国土の59.7％を占め、人口減少も続いている（**図序-1**）。1960年には2,051万5,000人で総人口に占める人口割合は21.8％であったが、2015年には1,087万9,000人に減少し、人口割合も8.6％に低下してきている。

過疎地域では、特に農村部において活力低下が著しい。農家の高齢化や後継者不足による農家数の減少により農業は後退し、耕作放棄地が拡大、鳥獣被害も日常的に発生するようになった。加えて、住民の相互扶助で成り立ってきた農業集落は集落機能の維持そのものが難しくなっている状況もみられ、このような地域に関し「空洞化」の議論がなされている[2)]。また、最近では、農村だけでなく農村を含む地方全体の人口減少が注目されている。地方の消滅可能性都市[3)]の議論の盛り上がりなどにより、農村の振興は地方創生[4)]の面からも重要な政策課題となった。

2．都市住民の農村志向の高まり

農村の持つ価値は、都市への食料供給地であることだけにとどまらず、自然環境や景観、農村の芸能や文化、豊かな食や時間にゆとりのある生活など多面的である。高度成長期以降、都市住民は都市と農村の交流により、農村の緑豊かな自然のなかに身を置いて人間性の回復を図ってきた。都市住民は農業、農村のもつ多面的な機能に関心を寄せ、憩いややすらぎ、出会いや学びを求めて都市農村交流を行っている。さらに、自然豊かな農村での暮らしや子育て、また、農村の地域資源に新しい仕事の可能性を求め、農村移住を志向する若者が増加している。

内閣府の世論調査によると、都市住民の農山漁村への定住願望は、2014年の調査では「ある」、「どちらかというとある」と回答した割合は31.6％で、2000年の調査（20.6％）よりも増加している（**図序-2**）。年代別にみると、30代・40代の増加率が大きく、特に20代男性の約半数に定住願望がみられる。また、「子育てに適しているのは農山漁村」と考えている者は比較的多く、20代・30代の若い子育て世代、女性で多い。

このように若年世代が農村を志向する状況をみて、小田切は、「以前のように、一方的な都市志向をほとんどの国民がもっているという状況ではない。若い世代を中心に、定住や子育てにおける農山漁村志向は確かに生まれている。」と指摘する（小田切・筒井 2016）。

また、都市住民の地方への移住を支援する、認定NPO法人100万人のふるさと回帰・循環運動推進・支援センター（以下、ふるさと回帰支援センターという。）における直近５年間の移住相談件数（面談・セミナー参加、電話等の問い合わせ）も増加傾向にあり、2013年は9,653人であったが、同センターに相談員を配置する自治体の増加にともない、2017年は33,165人に増加している。都市住民が、「移住したい」という気持ちを単なる願望に終わらせるのではなく、実現するために行動を起こしている様子がみてとれる。相

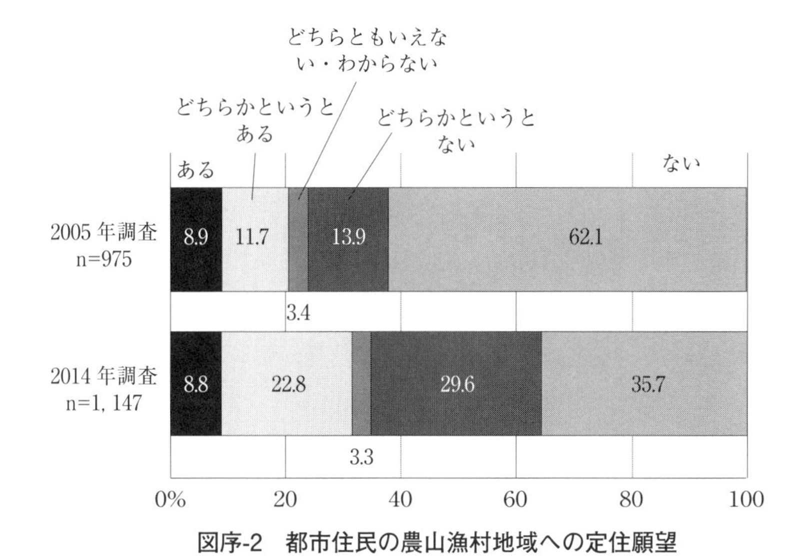

図序-2　都市住民の農山漁村地域への定住願望

資料：内閣府の調査を分析した農林水産省「農山漁村に関する世論調査結果」（2014年９月）を一部加筆・修正。

談者の年代は40歳代以下の比較的若い相談者が72.2％と多くを占めている[5)]。

そして、実際に地方に移住する都市住民も増加している。地方への人の流れを創出することを目的に2009年、総務省において「地域おこし協力隊」の制度が創設された。都市部に住む者が過疎地域などの条件不利地域に移住し、農林漁業、交流や観光事業、住民の生活支援などの地域協力活動に一定の期間従事するもので、受け入れた自治体には人件費などの必要経費が交付税で措置されるという優遇策が設けられた。2009年の制度創設時は、89人の都市住民が地域に移住して地域おこし協力隊の活動を始めているが、10年目にあたる2018年には、隊員数が5,500人を超えるまでに増加している。地域おこし協力隊に参加するのは若い世代が多く、３年の任期終了後は、約６割の隊員が同じ地域に定住し、さらに、同じ市町村に定住した隊員の約２割が自ら起業し、生活している。地域づくりを担う移住が増える事業効果を期待し、自治体などの受入団体も年々増加しており、2016年には863団体がこの事業に参加している。

3．都市農村交流事業による地域づくり

都市農村交流の形態は、都市住民の農村に対するニーズや期待によりさまざまである。農村における活動に注目すると、休養や癒しを求める農村生活体験、農家レストラン・農産物直売所の利用という「食」に関する地産地消、観光農園・市民農園など「農業体験」や「農作業」を通じた交流、学習機能に注目した「子どもの農業体験学習」、企業や学生等の「農村ボランティア」や「農村ワーキングホリデー」、新規就農を支援する「農業技術を学ぶ研修」などがある。また、農村での滞在時間に注目すると、「農家民泊」や「クラインガルテン」など一時的な滞在から、都市と農村を往復し、週末に田舎に暮らすなどの「二地域居住」、また、移住し、「田舎暮らし」をする長期の滞在や「定住」まで含まれる（**図序-3**）。

また、農村における観光は、ルーラルツーリズム、アグリツーリズム、グリーンツーリズムなどと呼称され、農家民泊と同義的に語られることもあるが、本書ではグリーンツーリズムで統一する。グリーンツーリズムについては、農林水産省が1992年の「新しい食料・農業・農村政策の方向」において初めて位置づけ、「緑豊かな農山漁村においてその自然、文化、人々との交流を楽しむ滞在型余暇活動」であると定義している。本書においても、グリーンツーリズムを都市農村交流の一形態であると捉え、農家民泊など「都市住民が農村において観光目的で行う農村住民との交流」であると解釈する。

グリーンツーリズムなどの都市農村交流は、時代背景により交流の目的や内容が変化してきた。農村における初期の都市農村交流は、農家が自家で採れた農産物やその農産物を使って副菜などに加工したものを庭先で都市からの訪問客に売る、また、注文を受けて直接送付する「直売」にみることができる。個々の農家は小規模に農産物の直売や農産加工を行い、「モノ」を中心として都市住民とつながりを持ち、交流を行った。その後このような個々

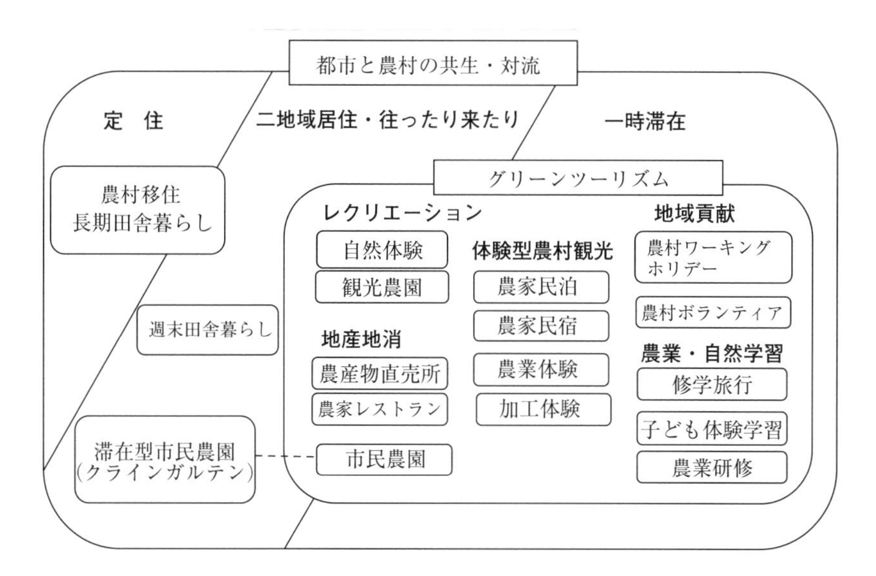

図序-3　「都市と農山漁村の共生・対流」と「グリーンツーリズム」

資料：農林水産省資料を一部加筆・修正。

農家と都市住民の「モノ」を介した小さな交流は、地域の農家が集合した直売所の設置、農協による大型農産物直売所の整備、また自治体が設置する「道の駅」への農産物直売コーナーの併設など、農家の直売の形態は規模が大きくなり、都市住民が農産物に求める「安全・安心」や「地産地消」のニーズが高まるなか、「モノ」を介した都市農村交流が広がっていった。

一方、短期的な滞在を目的に農村を訪れる都市住民が増加していった。国の施策誘導もあり、農家は副業として農家民泊や農業体験などの受入れに取り組んだ。そして、グリーンツーリズムなどで農村を訪れた都市住民との交流など、人と人とのつながりによる「人」の都市農村交流も広がりをみせた。

さらに、当初は個々の農家による取組みであった都市農村交流は、地域コミュニティの取組みへと交流の質が変化していった。地域の農家や関係する住民が集合して協議会や団体を組織し、地域に整備された直売所や宿泊施設、また、農家民泊、農業体験、市民農園などを組み合わせて都市農村交流の複合経営を行い、都市住民のグリーンツーリズムを受け入れた。また、過疎や高齢化が進む農村に地域貢献を目的にボランティアや学生等のワーキングホリデーなどで訪れる都市住民の受入れも行った。個々農家の取組みをつないだ地域の経営体の事業は、都市農村交流コミュニティビジネスとして発展していった。このような地域づくりを目的に取り組むコミュニティビジネスは、行政の農業・農村振興施策の支援対象になっていった。

また、都市農村交流における農村への長期滞在の形態である「農村移住」についても、都市住民のニーズは増加傾向にある。

農村への移住を行うのはライフステージの変化のタイミングが多く、字の形に似せて、Uターン、Ｉターン、Jターンと呼称される。Uターンは、主な目的が「帰郷」という「地域先行型」であるのに対し、ＩターンとJターンは、農村の資源を生かす「なりわい」や活動、セカンドライフを求める「目的先行型」の移住が多い。

Uターンは、生まれ育った故郷への帰郷である。この事例では、学校卒業を機に帰郷する若年移住、定年退職を機に帰郷する定年移住、また親や親族が高齢になるなど、家庭の事情により家業の後継や介護のため帰郷するミドル世代の移住の事例がみられる。また、ＩターンとJターンは、地縁のない地方への移住という点で共通している。移住者は農業や農村がもつ資源に魅力を感じ、それぞれ目的をもって移住している。この事例では、農林水産業への就業、地場産業等への就業、農村の地域資源を活用した起業、地域貢献を希望する地域おこし協力隊などがみられ、また結婚により配偶者の故郷へ移住する事例もある。これらは農村における「なりわい」や活動を主な目的に移住することから、若年世代や転職を希望するミドル世代など、現役世代に多くみられる。さらに、ＵＩJターンに共通する、企業への就職を目的に移住する若年世代の帰郷や移住、農村に子育ての環境を求めて移住する若年世代やミドル世代の帰郷や移住、退職後の田舎暮らしを求めて移住する中高年世代の帰郷や移住がある（**図序-4**）。

国が主導する「都市と農村の共生・対流」や「地方創生政策」では、都市

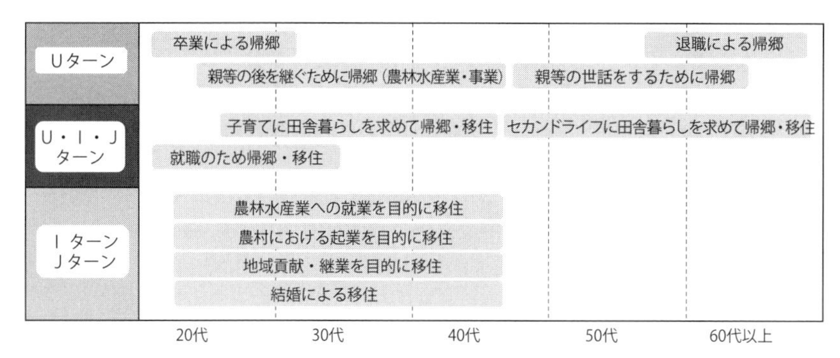

図序-4　ライフステージの変化によるUIJターン移住

資料：国土交通省資料等より作成。

から地方への人の流れをつくるため、さまざまな施策が実施されている。農村には、「都市住民の移住により農村外部の人材を地域のサポート人材として農村内部に呼び込む」ことを目的に、移住者と地域のコミュニティをつなぐ移住支援団体ができ、国や自治体の施策と連携して移住支援事業を行い、移住者が農村に定住するために地域住民との間で橋渡しを行っている。

注

1）総務省地域力創造グループ過疎対策室『平成29年度版過疎対策の現況』2018年12月、p.1。https://www.soumu.go.jp/main_content/000591841.pdf（2020年１月14日参照）

2）小田切（2015）は、農村の過疎化を人口が急減する「人の空洞化」、その後農地が荒廃する「土地の空洞化」、集落機能の低下が顕在化する「むらの空洞化」と、３段階の空洞化と論じ、さらに過疎化が進むと「集落限界化」の段階に至るとしたが、集落は限界化が進んでも消滅には向かわず、基本的に将来に向けて存在しようとする「強靭性」をあわせもつと指摘した。

3）増田（2014）は、人口推計により2040年の若年女性の人口が現在の半数以下となる市町村を「今後消滅する可能性が高い」として公表するとともに、少子化対策や地方再生の必要性を論じた。

4）地方創生は、少子高齢化に対応、人口減少に歯止めをかけ、東京圏への一極集中を是正し、地域の環境を確保して活力ある社会をつくることを目的とした一連の政策。国は日本創生会議の「消滅可能性都市」の議論などから、2014年まち・ひと・しごと創生法を制定した。「まち・ひと・しごと創生総合戦略」の基本目標には①地方における安定した雇用の創出、②地方への新しい人の流れをつくる、③若い世代の結婚・出産・子育ての希望をかなえる、④時代に合った地域をつくり安心な暮らしを守り地域と地域を連携することを掲げている。全国の都道府県と市町村は、国の交付金などの支援策を受けて地方創生事業に取り組んだ。

5）ふるさと回帰支援センター「2018移住希望者の動向プレスリリース」。http://www.furusatokaiki.net/wp/wp-content/uploads/2019/02/webnews20190219_furusato_ranking.pdf（2020年１月14日参照）

第1章　都市農村交流の展開と研究の到達点

第1節　都市農村交流の時代画期と地域づくり

都市農村交流に関する研究動向の整理に先立ち、それぞれの時代画期において、都市農村交流の展開を（1）前史～発現期、（2）初動期、（3）拡大・発展期、（4）新展開期の４期に区分し、都市農村交流が発展してきた背景を明らかにする（**表1-1**）。

表 1-1　都市農村交流における時代画期の区分

年代	時代画期		都市農村交流	
1950 1960 1970	高度成長期	・農村から都市への人口大移動 ・都市の過密、農村の過疎が顕在化 ⬇ 都市と農村の分離	前史～発現期	都市住民が「癒し・やすらぎ」を求め、農村に自然休養村・観光農園などの整備
1980	低成長期	・農産物輸入拡大、食生活の変化 ・BSE 問題等 ⬇ 農産物価格低迷、食の安全安心	初動期	・農家の多角経営、副業 ・地産地消 **「モノ」を介した交流**
1990 2000	バブル期・ポストバブル期	・農村の過疎、高齢化の深まり ・外来型地域開発の行きづまり ・人口の東京一極集中 ⬇ 内発的な地域活性化の取組み **農村型リゾート開発**	拡大・発展期	・日本型グリーンツーリズム ・農村への移住、二地域居住 **「人」の交流の拡大** **都市農村交流の質の変化** **～「個」から「地域」の取組へ～** **中間支援機能の出現**
2010	リーマンショック・東日本大震災後	・若者の意識変化 ・消滅可能性都市の提起 ⬇ **地方創生政策**	新展開期	多様な都市農村交流 ・田園回帰 ・インバウンド観光 ・農業の六次産業化

資料：筆者作成。

まず、高度成長期における都市と農村の分離に注目し、都市農村交流の第1の画期を1970年代半ばまでの高度成長期を区分して、都市農村交流の前史から発現してきた時代と捉える。都市農村交流が都市住民の農村における余暇活動として、グリーンツーリズムやレクリエーションの場として意義をもって語られるのは、高度経済成長期以降の都市と農村の関係に由来する。戦後、わが国では工業化が進展し、社会的分業が進んだ。農村に住む若者は工場労働者として都市に向けて大移動した。都市部では産業と人口の過度な集中により、急速に過密化していった。都市の過密にインフラの整備は追いつかず、住宅問題、公害、交通渋滞などの都市問題が発生し、生活環境が悪化した。都市住民は農村の自然に癒やしややすらぎを求めるようになり、都市住民のレクリエーションの場として、農村において観光農園や自然休養村などが整備された。この時代について、都市農村交流の前史から発現がみられる時代と捉える。

続いて第2の画期として、1970年代半ばのオイルショックから1980年代までの低成長期、そしてバブル経済形成期にかかる時代を区分し、都市農村交流の初動の時期と捉える。米ドルの金交換性停止により、1973年、わが国において変動為替相場制がスタートした。変動為替相場制への移行により円高が急進し、これを契機に自動車・電気機械等の対米輸出が拡大、日米貿易摩擦が激化した。度重なる日米貿易交渉の結果、海外の農産物の輸入量が漸増し、日本の農業は輸入農産物との競合を余儀なくされた。農家は農業経営のあり方を見直す必要に迫られ、生産面では栽培品目を拡大し、また、農業経営の多角化や複合化を模索し、生産だけでなく加工や直売に取り組む農家が現れた。

この時期に旧国土庁が全国の市町村に対し行った「都市農村交流に関する調査」(農村集落構造分析調査 1983年度)には、当時の農村住民と都市住民の都市農村交流に対するそれぞれの期待が現れている。回答があった81市町村のアンケート結果をみると、交流が始まった背景として、農村側は「過疎化を食い止めたい」「都市の人に第2のふるさとを提供したい」などで、都市側は「新鮮なものを直接買いたい、食べたい」「第２のふるさとを持ちたい」という動機が強い。農家は、この「新鮮なものを直接買いたい、食べたい」という都市側のニーズに対応して、農産物の直売などをはじめるとともに、ふるさと宅配便の直送やオーナー制度など、「モノ」である農産物を介し、都市住民との交流を始めた。折しも、農家は輸入農産物の拡大や食生活の欧米化の進展に対応を模索し、新たな取組みをはじめようとした時代であった。しかしこの段階では、個々農家による単独の取組みにとどまっていた。また、都市側の「第２のふるさとを持ちたい」、農村側の「ふるさとを提供したい」というニーズに対しては、行政が主導し、ふるさと会員制度など都市と農村の交流のしくみを作るとともに、地域の拠点である学校を存続することを目的に「山村留学」を受け入れるための移住支援が行われた。この時代を都市農村交流の初動がみられた時代と捉える。

第３の画期は、1990年代から2000年代までのバブル経済期・ポストバブル期を区分し、都市農村交流が拡大・発展した時代と捉える。1986年に所謂「前川レポート」が発表された後は内需拡大政策や市場開放政策が推し進められた。また、多極分散型国土開発により地方の開発は促進され、バブル経済を招くとともに、農村の都市化が進んだ。1993年のガットウルグアイラウンド農業合意後は海外から安価な農産物が大量に流入し、農業や農村社会は農産物価格低迷の打撃を受けた。また、バブル経済崩壊後は、人口や経済の東京一極集中が進み、地方の活力が低下、特に農村部において過疎化や高齢化が深まっていった。

このような農業や農村をとりまく時代背景のもと、1990年代からは、農村におけるグリーンツーリズムや都市住民の移住が注目されるようになった。農業経営の多角化や副業として、農家が「個」として取り組んでいた「モノ」や「人」の都市農村交流は、農家などの地域住民が集合し、地域づくりを目的にグリーンツーリズム受入れの事業を行う「都市農村交流コミュニティビジネス」へと交流の質が変化していった。グリーンツーリズムを受け入れる農家や地域の関係者が集合して協議会や団体が組織された。この都市農村交流による地域づくりを持続可能な事業にするために、組織を法人化するところもあり、地域の経営体が生まれた。この地域の経営体は農家など地域の多様な関係者を連結し、直売所や宿泊施設、農家民泊、農業体験、市民農園などを組み合わせて複合的に都市農村交流コミュニティビジネスを行った。この「地域」としての都市農村交流事業は、行政による農村振興や過疎地域対策の施策において支援対象となっていった。地域の経営体は都市農村交流コミュニティビジネスにおいて、都市住民と農家など地域住民の間においてグリーンツーリズムの農村側の受入れの窓口となるとともに、行政と地域住民との間において行政の農村振興にかかる支援を受けて事業を行った。地域の経営体は都市農村交流コミュニティビジネスにおいて複層的な「中間支援機能」を担っている。

また、「山村留学」や「農林業研修」受入れなど、行政が主導して進めてきた農村移住支援の取組みにおいても、地域住民による支援の動きが現れ、行政からの働きかけもあり、過疎化や高齢化により活力が低下する農村に外部から人を呼び込み、地域の活性化につなげようと移住支援を行う民間団体が生まれた。この移住支援団体においても地域の経営体と同様に、都市住民と地域住民の間において都市住民の農村移住や定住の橋渡しを行うとともに、行政と地域住民や移住者との間において移住支援事業を行い、複層的な中間支援機能を担っている。

このように、1990年代から2000年代までのバブル経済期・ポストバブル期は、都市農村交流が「個」の取組みから「地域」の取組みへと交流の質が変化していった時代である。地域の住民が「地域づくり」を目的に都市農村交流に取り組むために組織を作り、農家や地域住民の小さな取組みをつなぎ、事業を行った。コミュニティビジネスを行う地域の経営体や移住支援団体は行政との関係において、また、外向けに都市住民に対し、内向けに農家等地域住民に対し複層的な中間支援を行った。この時期を、農村にグリーンツーリズムや都市住民の農村移住など都市農村交流が拡大、発展した時代であると捉える。

第４の画期は2009年のリーマンショックや2011年の東日本大震災を発端として2010年代以降を区分し、都市農村交流が新しく展開してきた時代と捉える。リーマンショックや東日本大震災とその後の原発事故は若者の価値観を変容させたと言われる。一方、地方の消滅可能性都市が取り上げられ、農村を含む地方の弱体化が問題視された。人と人との絆や社会貢献に価値を見いだした若者、また、地方を魅力ある生活の場と考えた子育て世代などが国の地方創生政策の支援を受けて都市から地方へ向かい、都市住民の田園回帰の気運は広がっていった。また、最近では外国人観光客など農村への新たな訪問客の増加や農業の六次産業化などにより、中間支援機能を担う組織が取り組む都市農村交流は広がりをみせている。都市農村交流の新展開期と捉えることができるだろう。

都市農村交流は、「個」から「地域」の取組みへと交流の質が変化し、コミュニティビジネスにおける地域の経営体や移住支援団体の中間支援機能は、行政の支援対象となっていった。さらに、都市住民の田園回帰志向の高まりや地方創生政策のもとで行政の支援も手厚くなり、都市農村交流事業も拡大している。

都市農村交流が拡大・発展し、また、新しい展開がみられる1990年以降、都市農村交流に関する研究蓄積が多いことから、この時代を中心に先行研究を整理する。そして、農村の住民が地域づくりを目的に都市農村交流事業に取り組んだ経緯を明らかにするとともに、地域と行政との関係や地域と都市との関係を研究面から分析する。農村の地域づくりに主眼をおき、まず、一つは農村内部の内向きに視点をおいたグリーンツーリズムによる地域づくりの研究について、そして、もう一つは外向きに視点をおいて内発的発展論を出発点に農村外部の力の活用による地域づくりの研究について分析し、都市農村交流の先行研究の到達点と残された課題を明らかにしていく。

第2節　都市農村交流に関する研究の動向

1．農村内部（内向き）に視点をおいた研究

都市農村交流による地域づくりについて、農村内部に視点をおいて内向きに考察した研究は、グリーンツーリズムに関する研究にみることができる。高度成長期以降、農村では農業や集落の担い手が都市部に流出し、過疎、高齢化が進行していった。特に1990年代後半のポストバブルの時代、GATTウルグアイラウンド農業合意後は農産物輸入の増加により価格は低迷した。農村社会の地域経済は脆弱化し、農村地域政策の柱として都市農村交流政策が導入された。1992年に農林水産省内に組織された「グリーン・ツーリズム研究会」の中間報告では、「農村空間は生産の場であり、地域住民の生活の場であるとともに、国民が求めるゆとりややすらぎのある人間性豊かな生活を享受しうる国民共有の財産である」と述べ、グリーンツーリズムを「農村サイドの地域づくりと都市サイドの農村への余暇利用ニーズの懸け橋となるもの」と捉えている。グリーンツーリズムについては、農林水産省の施策に連動する形で全国農業会議所や都市農山漁村交流活性化機構により報告書が発行された。また、旅行会社等の積極的な情報発信により、グリーンツーリズムは農村政策として広く知られるようになっていった。

グリーンツーリズムを規定し、活動主体と行政との関係を捉えた研究がある。山崎・大島・小山（2001）はヨーロッパの農村の動向を紹介し、グリーンツーリズムという農村政策の必要性を提唱した。山崎はグリーンツーリズムを定義し、あるがままの自然のなかで、農家などそこに居住している人たちの手によるサービスで、農村のもつさまざまな資源・生活・文化的ストックなどを、都市住民と農村住民との交流を通して活かしながら地域社会の活力の維持に貢献していると述べている。

また、青木（2008、2010）は、グリーンツーリズムを持続可能な活動に転換していくための検討を行い、西欧との比較において、わが国の多彩なメ

ニューによる都市農村交流や、体験重視で地域ぐるみの受け入れによるグリーンツーリズムを「日本型グリーンツーリズム」と定義し、日本は西欧の農村社会と異なり、小規模複合経営を特徴とするわが国の農林漁家がグリーンツーリズムのビジネスを開始する場合、必然的に小規模なものになるとして、地域内の多様なセクター（民泊、民宿、レストラン直売所、体験工房等）による広域連携が必要であると論じている。さらに、地域一体型、広域連携には行政の継続した支援が欠かせず、行政と実践団体、農家をつなぐ、中間支援機能を担う組織の必要性と人材の確保を指摘する。

徳野（2008）は、交流人口の増加を求め、農村において「ブーム」的に行われている体験交流の受け入れに消耗する農村の様子をみて、取り組む目的が「経済事業」や「担い手対策」なのか、それとも「地域活性化」なのか、行政や住民が都市農村交流活動を類型化し、明確な目的や活動指標をもって取り組むことが必要であると指摘している。

また、井上（2011）は、わが国のグリーンツーリズムの特徴を規定し、①全国各地の市町村では、グリーンツーリズムを受け入れる協議会等が、農作業体験や農村体験学習を取り入れ、「休養より体験重視」になっており、これは西欧諸国の「静かな環境で何もしないでリラックスする」グリーンツーリズムと対照的であること、②わが国ではILO132号条約（年次有給休暇制度に関する条約）を批准しておらず、長期休暇の取得が習慣化していないためグリーンツーリズムの滞在日数が短いこと、③農村での主要な滞在施設は、西欧諸国の農家民宿に対して、公設滞在施設の利用が多いことを挙げている。そして、グリーンツーリズムが農村政策として全国的に広がり、受け皿としての条件整備は行政、関係団体、地域住民の一体となった地域づくりの取組みとして行われてきたとして、「地域経営型グリーンツーリズム」であると指摘した。

宮崎（2006）も井上と同様に、日本において長期休暇制度が未確立であることによる西欧諸国との社会的慣習の違いを指摘し、わが国のグリーンツーリズムの特徴として、①日帰り型が多いこと、②農林漁業、農山漁村の体験重視であること、③農村サポーターやリピーターの存在、④受入農村側が組織的に対応することを指摘している。また、宮崎（2006）は地域経営型グリーンツーリズムが1990年代後半以降、農協の広域合併、市町村合併、普及センターや土地改良区の再編が進行して、住民が出資、労働、農産物出荷、土地提供などにより、地域の経営体に参加する方法が主流になってきたと述べ、課題として、①農村住民の村づくりによる自然・景観・文化といった農業・農村の多面的機能の保全と活用、②中間組織や地域の経営体を中心にしたグリーンツーリズム産業と地元の農林漁業との産業連関の強化、③顔の見える者同士の関係づくりが必要であると指摘している。

また、観光学の分野では、マスツーリズムや観光地開発における大規模リゾート開発の行き詰まりをふまえ、グリーンツーリズムを農村の地域資源に注目した観光地づくりとして捉えた研究がある。

安村ほか（2013）はグリーンツーリズムについて、従来のマスツーリズムに代わるオルターナティブツーリズムであると述べ、長谷（2009）は、グリーンツーリズムは農村に滞在して余暇を楽しむ観光であり、農林漁業の体験と交流のできる民間主導の観光形態は、地元住民が主体となって運営できる観光地づくりであると述べている。また、溝尾（2009）はグリーンツーリズムによる農村での消費拡大に期待するとともに、新しい観光動向は若者のＩターンも促していると述べている。

グリーンツーリズムを農村の観光開発と捉えるこれらの幅広な解釈に対し、青木（2008）はグリーンツーリズムを「住民による都市農村交流」という枠の中にとどめることにより、それが内包する農村の持続性や環境保全の意義が明確化できると主張した。荒樋（2008）もこれを支持し、「グリーンツーリズムは、農村サイドの担い手である農家女性や高齢者の主体的な選択肢、あるいは生き方探しの選択肢であり、都市生活者の旅行活動というよりも、それらを視野においた農村住民が自らのふるさとに対して『誇り』を取り戻す運動」であると、農村住民に及ぼす効果を重要視した[1)]。

農業経済学の分野では、増田（2009）は、グリーンツーリズムが「観光行為」から進化し、観光産業が成立するためには、地域資源に価値を付して観光資源とする「観光資源化」の過程と、それを利用して対価を得ることのできるサービスや商品をつくり販売する「観光商品化」の過程があると分析し、グリーンツーリズムを持続的経済行為として行うコミュニティビジネス形成のために、農業者などの零細な観光業者が利用できる外部経済（観光資源の開発・管理）を積極的に形成する中間支援組織が地域の観光をサポートし、推進することが必要であると述べている。

また、都市農村交流の農村における経済効果に注目した研究がある。

荒樋（2008）はグリーンツーリズムの経済効果は必ずしも大きくなく、地域内の関連産業の連携による相乗効果を求める必要があると指摘した。

また、藤田・大井（2015）は、グリーンツーリズムの経済効果について和歌山県田辺市において実証研究を行い、直売事業や農家レストランにおける地産地消重視の取り組みが地域内連携により経済効果を生んでいると、コミュニティビジネスとしての効果について論じている。

岡田（2013）は地域内の多様な生産者ネットワークによる地産地消の地域内産業連関を意識的に構築し、地域のさまざまな経済主体が地域内で再投資する力を高めることが、一人ひとりが輝く地域経済、地域社会の再生につながると「地域内再投資力」と「地域内経済循環」を提唱している。

都市農村交流による地域づくりを農村内部の内向きの視点から取り上げたグリーンツーリズムの先行研究では、わが国のグリーンツーリズムが地域経営により運営され、体験重視で多彩なメニューによる都市農村交流が行われていることが論じられているとともに、コミュニティビジネス形成のためには地域内の農家など零細な農村の事業者の産業連関を構築するとともに、それらを外部経済と結びつけ、行政と農家や事業者をつなぐ中間支援が必要であると指摘されている。

２．農村外部の力の活用（外向き）に視点をおいた研究

もう一つの農村における都市農村交流による地域づくりについての研究は、

内発的発展論から生じている。バブル経済が崩壊した1990年代初頭のポストバブル期における大規模・外来型リゾート開発から地域が主体の農村リゾート創造へ向かう気運は、内発的発展の議論を活発化させた。

農村における内発的発展論については、農村の地域づくりが国家や企業に依存し、他律的に行われてきた外来型開発に対する批判から、地域住民主体の発展論として提起され、多様に展開されてきた経緯がある。

鶴見（1989）は民俗学の立場から、内発的発展の特性を整理するとともに[2)]分析の単位を地域とし、地域について「定住者と漂泊者と一時漂泊者とが相互作用することによって、新しい共通の紐帯を創り出す可能性をもった場所」と定義している。都市農村交流の視点では、鶴見が内発的発展の担い手である地域内のキーパーソンが「漂泊者」、「一時漂泊者」である外部からの人材と共同で「伝統のつくりかえ」の実践を行うことが重要であると指摘している点に注目したい。

また、宮本（1989）は地域経済学の領域から地域開発と公害・環境問題を長年研究し、高度成長政策等の大企業や公共事業による外来型の地域開発の問題点を指摘し、「地域の企業・組合などの団体や個人が自発的な学習による計画をたて、自主的な技術開発をもとに地域の環境を保全しつつ資源を合理的に利用し、その文化に根ざした経済発展をしながら地方自治体の手で住民福祉を向上させる地域開発」による内発的発展を提唱した。

一方、保母（1996）は内発的発展を政策論の視点から捉え、中山間地域の人口と社会を維持するために次の３つの施策を提案している。①Uターンやニューカマーの参入を促進して地域の若者を増やしていく人口追加策、②地域の産業振興の方法として、地域にある既存産業・企業の育成、そのネットワーク化（内発的発展）、地域にないか不足する分野、または地域資源を活用する分野における産業・企業の創出（内発的発展）、域外からの企業誘致（外来型発展）の組み合わせ、③農村ならではのゆとりと豊かさの追求を目標とした生活基盤の整備、医療・福祉、教育・文化の充実である。

そして、保母（1996）は、農山村地域の維持、発展を図る政策として、第一に、各地域が持つ資源、技術、産業、人材、ネットワークなどを活かして、自らの努力によって地域の技術力、経営力、資金力を強化する内発的発展による「農村の自前の発展努力」、第二に、農村地域の問題は農村居住者だけではなく、農村が持つ多面的な機能を享受する都市居住者自身の問題でもあることから、農村側が対等な立場で都市の力を活用するための農村と都市との交流・連携を強めること、第三に、国家支援は不利な競争条件下にある中山間地域を、他と同じスタートラインに立たせるために必要であることから、国家財政による中山間地域維持政策が必要であると述べている。

保母（1996）は、また、内発的発展における「農村と都市との連携」については、農村地域の自前の発展努力を基礎に、その上に都市及びその他地域との連携を構築することになるが、大切なことは、内発的に、地域の発展方向や条件を考慮し、地域の意思により都市との連携を推進することであると、地域の自律性に則った都市との連携を重要視した。

また、宮本（1998）は、農村は従来の中央政府頼みの補助金依存による発展を図るのではなく、内発的発展による農村改革が必要であると主張し、自治体、産業組織としての農協、その他の経済組織がリーダーシップをとることが重要であると指摘した。そして、農村の存続なくして都市の発展はあり得ないと論説し、農村の存続のためには都市との交流と連帯がどうしても必要であり、中央政治による集権的な資金の垂直的調整ではなく、都市と農村の間で、直接的、水平的な財政調整を行うシステムをつくることを提案している。

保母、宮本はそれまでの外来型の地域開発に対置して、地域の自律による内発的発展を提唱したが、両氏とも都市農村交流の意義及び必要性に言及していることを確認しておきたい。

このような農村の内発的発展に関する研究は英国においても行われており、英国ニューカッスル大学・農村経済センター（CRE）の研究では、農村に閉じられた内発的発展論に対し、外来的な力と内発的な力の関係において地方自らがハンドリングできる能力を高めることを指摘するネオ内発的発展論が論じられている[3)]。

小田切（2012）はCREの研究から1970年代に英国においてみられる「逆都市化」の流れを取り上げ、「豊かな人々が通勤のため、リタイアのため、また、農村で勃興・拡大するビジネス部門で働くため、町や都市から離れて農村に移り住む」という逆都市化の現象は、日本においては本格的には発生しなかったため、農山村再生のためには「外部の力」の存在を当然としていたと述べている。

また、小田切（2008）は「わが国では農山村再生のために外部の力をさらに強調しなくてはならない段階にある」とし、過疎化やグローバリゼーションが一層加速化する現在の農村社会では、従来以上に外部資本の必要性とその外部資本を農村に取り込み、内部化することが求められると強調した。そして、ネオ内発的発展論が指摘する「外部の力」を活用する内部能力開発のためには、中間支援組織や地域マネージャーが重要であると指摘した。

佐藤（2013）は小田切の議論を継承し、交流産業はむらおこし運動の延長に展開してきたものも多く、これらの中小規模の所得機会を農村内にいくつもつくり出し、その利潤が地域内で循環するしくみづくりが求められていると述べるとともに、こうしたしくみを実際に動かしていくためには、地域内の各主体の結節点として機能するマネージャーの存在が不可欠で、農山村においてこうした役割を担っているのは中間支援組織であると述べている。

一方、後藤（2008）は地域内に閉じた「内発的発展」ではなく、地域固有の文化や生態系に基づくまちづくりで、他地域との協調・連携のもとで地域の自律を探る「共発的発展」を提唱した。

また、青木（2008）は、過疎高齢化に悩む農山村の再生には、その対極にある都市住民との協働、共生、協発という相互主義の発想が不可欠であると、協発的発展を提唱した。

このように、農村における内発的発展は、地域の自律が必要であるとしながらも、「外部の力」の積極的な活用が不可欠な段階にきていることが議論され、都市農村交流の効果的な運営が指摘されている。

地域づくりについては、リーマンショックや東日本大震災以降の都市住民の農村志向の高まりや国の地方創生政策の流れのなかで、都市農村交流や田園回帰をめぐり議論が活発になっている。

小田切（2016）は、田園回帰を「人口移動論的田園回帰」、「地域づくり論的田園回帰」、「都市農村関係論的田園回帰」の三つの局面から複眼的に捉え、それはすなわち、「人」と「地域」の発展過程であり、それぞれに必要な理念は「開かれた地域」、「ネオ内発的発展」、「都市との共生」であると論じた。

藤山（2016）は、近年の若年世代の地方移住の増加に注目し、島根県の中山間地域を集落単位でみたときに子供の増加傾向が認められることから、若年世代の「田園回帰」がはじまったと分析し、毎年、地域に人口の１％のＵＩターン者を増やすと長期的な人口安定化が展望できるという、「田園回帰１％戦略」を提唱した。

筒井（2016）は小田切の議論を継承し、田園回帰戦略は、農村における取り組みが都市農村交流から移住というプロセスを丁寧に積み重ねていくことが重要であると指摘し、人口という没個性的な捉え方だけでなく、地域づくりに不可欠なヨソモノの受け入れという質的な意義を強調した。

図司（2014）は、都市農村交流は「交流」から「協働」の段階にきていると捉えた上で、外部人材である地域おこし協力隊の地域サポート活動を分析し、若者たちには、都市のよさ、農山村のよさの両方を理解し、ネットワークをつないで、そのときの自分が活躍できる場所に足場を置こうとする「しなやかさ」が感じ取れ、若者たちの動きは農村へ移住・定住する「狭義の田園回帰」にとどまらず、都市と農村の間での「対流」が生まれる局面にあり、農村地域の住民がそれにどう対応するかが問われていると提起した。

小田切（2015）はまた、「地域マネジメント」は行政のみの仕事と決めつけることはないと述べ、農村においても、NPO法人などの中間支援組織が部分的に担当する例もあると言及している。

また、大森（2015）は政府の「まちひとしごと創生法」にかかる地方創生政策を取り上げ、依然として都市の吸引力は強いが、少なからざる人々が積極的に村へ向かい始めたと、「向村離都」の動きをみて、都市と農村の人の流れを交流から対流へ転回させるためには、田舎暮らしの中に真の豊かさと幸せがあることを発信できなければならず、そのためには、都会の人びとと共に里山・里地・里川・里海の再生と活用に乗り出す必要があると述べている。

農村外部の力の活用（外向き）に視点をおいた都市農村交流による地域づくりについて、先行研究を内発的発展論や地域づくり論からみてきた。内発的発展は農村内部に閉じられたものではなく、農村の地域づくりは外部資本を農村に取り込み、内部化することが求められるとして、「外部の力」を活用する内部能力開発のためには、中間支援組織や地域マネージャーが重要であると指摘されている。そして、都市と農村は、交流から協働の段階にきており、対流へと転回させ、都市との共生を図らなければならないと論じられている。

３．研究の到達点と都市農村交流事業における中間支援機能

都市農村交流はそれぞれの時代画期において、社会や時代の要請により特徴をもった発展をしてきた。

戦後から1970年代半ばまでの高度成長期には、都市の環境悪化により農村の自然に癒やしややすらぎを求め、都市住民が農村に整備された観光農園や自然休養村などにおいてレクリエーション活動を行った。このような都市住民の農村における経済活動に着目して、都市農村交流のはじまりと認識し、この時期を都市農村交流の前史から発現期と捉えた。

続いて1970年代半ばのオイルショックから1980年代までの低成長期およびバブル経済形成期にかかる時代には、国内農業は輸入農産物との競合を余儀なくされ、農家は新しい農業経営を模索した。一部の農家は生産活動に加え、加工や農産物の直売、ふるさと宅配便の直送やオーナー制度など「モノ」である農産物を介して都市住民との交流を始めた。また、自然環境との調和を目的に新しく有機農業を始める農家も現れ、農業に対する価値観が多様化し

ていった。一方、農村では過疎化や高齢化が続き、農業や農村の振興のために行政が主体となり、ふるさと会員制度や「山村留学」の制度が整えられ、それに関連して移住家族の受入れが行われた。この時期を都市農村交流の初動期と捉えた。

続く1990年代から2000年代までのバブル経済期・ポストバブル期には海外から安価な農産物が大量に流入した。また、人口や経済の東京一極集中により地方の活力が低下し、過疎化や高齢化が深まり、農業や農村の活性化策として、農村におけるグリーンツーリズムや都市住民の移住が注目されるようになった。都市農村交流を担う地域の経営体が生まれ、個々農家による取組みは、地域の「コミュニティビジネス」へと交流の質が変化していった。また、農林業の担い手を確保するために行政が進めてきた農林業研修を中心とした都市住民の移住施策においても、行政と地域住民との協働による移住支援の動きが出てきた。都市住民の農村での活動や都市住民の農村への移住支援の取組みにおいて中間支援を担う組織が出現し、都市農村交流が拡大、発展した。

さらに、リーマンショックや東日本大震災以降の2010年代には、地方の消滅可能性都市が取り沙汰され、農村を中心に地方の弱体化がさらに深まった。しかしながら一方で人と人の絆に価値を見いだす若者や社会貢献意欲のある若者などが農村に目を向け、都市住民の田園回帰志向は高まりをみせている。さらに、インバウンド観光客の増加や農業の六次産業化の進展により、都市農村交流事業はこれまで以上に拡大し、新しい展開が期待されるところにきている。

研究面においても、都市農村交流に関する研究は、1990年以降の拡大・発展期からその後の新しい転換期に向けて議論が深まっていく。都市農村交流による地域づくりに注目すると、２つの視点が認められた。一つは農村内部（内向き）に向けた視点で、グリーンツーリズムに関する研究において研究蓄積がみられた。また、二つ目は農村外部の力の活用（外向き）に向けた視点で、内発的発展論から田園回帰につながる研究蓄積がみられた。

グリーンツーリズムに関する研究や内発的発展論において指摘されているように、都市農村交流は、農村における地域づくりと不可分に議論されてきた。グリーンツーリズム研究では、地域内の小規模で多様なセクター（民泊、民宿、レストラン、直売所、体験工房等）が地域一体型、広域連携の取組みを行うには、行政の支援が欠かせず、行政と農家や事業者をつなぎ、それらを外部経済と結びつける中間支援機能を担う組織と人材の確保が必要であると指摘されている。農村は過疎・高齢化が深まり、地域の活力が低下している。個々の農家の都市農村交流の小さな取組みは、地域内連携による事業として経済効果を上げることが必要であり、そのためにもコミュニティビジネスとして持続的に発展していくしくみが求められている。

また、「外部の力」を活用する内発的発展論から田園回帰につながる農村の地域づくりに関する一連の研究においても、「外部の力」を活用するために中間支援機能が重要であり、地域マネジメントは行政だけでなく中間支援機能を担う組織が部分的に行うことがあり得ると指摘されている。

このように研究面においても民間組織による中間支援機能は注目されているが、この中間支援機能については、都市部の市民活動をベースに、非営利セクターであるNPOの拡大とともに現れた中間支援組織において注目されてきた機能である。都市部の非営利活動を研究した吉田（2004）は、「中間支援組織の『中間』たるゆえんは、NPOと資源提供者（行政、企業、助成財団など）との中間にあって、両者を結び付ける媒介としての機能を担うからにほかならない」と述べ、非営利活動において中間支援は行政等と活動者の関係において機能する存在であると論じている。

また、農村における民間セクターの取組みにおいて、中間支援組織の研究蓄積は少ない。都市農村交流における中間支援に注目した先行研究をみると、中間支援組織と地域内外とのネットワークの形成を指摘した糸山（2012）や農家民泊受入における都市住民と地域の関係における中間支援や地域におけるネットワーク機能や担い手確保の取組みを分析した若林（2013）などが散見される程度である。都市農村交流という事業の性格上、中間支援機能の研

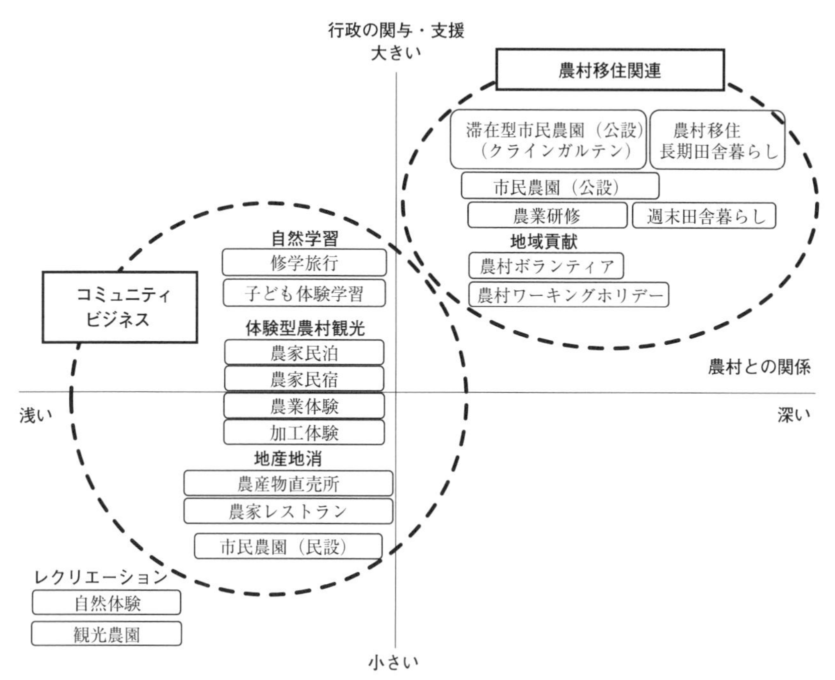

図1-1　都市農村交流における行政の関与・支援と農村との関係

資料：筆者作成。

究にあたり、都市部の非営利活動における中間支援で研究対象にされている行政と活動者の関係における「中間」支援の機能に注目するとともに、活動者と農村外部の都市住民との関係、また農村内部の農家や事業者との関係における「中間」支援の機能についても注目することが重要であると考える。

本書で取り上げる都市農村交流における中間支援機能について、「地域づくりという非営利活動において、「行政」と「農家・移住者など地域住民」の活動をつなぐとともに、「外向き」に都市住民を農村につなぎ、「内向き」に農村内部の農家や地域住民の活動をつなぐ機能がある」と定義する。

都市農村交流における中間支援機能の研究は、先行研究でその意義が指摘されている農村の地域づくりにおける中間支援について、研究を蓄積するものであるとともに、都市部の市民活動や非営利活動を行うNPO研究の関連で蓄積された中間支援組織の研究の幅を広げるものであると考える。

さまざまな都市農村交流について、行政との関与・支援の軸と農村社会との関係の軸で分析を行うと、行政の関与・支援が比較的大きくなく、また、農村社会との関係も比較的深くない都市農村交流コミュニティビジネス（グリーンツーリズム関連）と、行政の関与・支援が大きく、農村社会との関係も深い農村移住関連のグループに分類することができる（**図1-1**）。

本書では、先行研究でも必要性が指摘されている都市農村交流の中間支援機能について、都市農村交流の特性からグルーピングした第1の都市農村交流コミュニティビジネスにおける地域の経営体の事業及び第2の農村移住における地域の支援団体の事業について、行政との関係における中間支援機能を明らかにするとともに、農村社会における農家や地域住民との「内向き」の関係における中間支援機能、また、都市住民や移住者など農村の「外部の力」を活用する視点から「外向き」の関係における中間支援機能について分析を行う。そして、農村の持続的な発展に資する都市農村交流事業における中間支援機能の意義を考察する。

注

1）荒樋（2008）はグリーンツーリズムの農村地域への普及・拡大には政策誘導が大きな影響をもったと述べ、山崎がその中核においた地域住民へのエンパワーメントよりも農村政策としての定着を重視し、対象地域の特殊な観光開発として「地域経営型グリーンツーリズム」を操作的に提示したと指摘している。

2）鶴見（1989）は内発的発展の特徴を次の4点に整理している。

①内発的発展は経済学のパラダイム転換を必要とし、経済人に代え、人間の全人類的発展を究極の目的としている。

②内発的発展は他律的・支配的発展を否定し、分かち合い、人間解放など共生の社会づくりを志向する。

③内発的発展の組織形態は参加、協同主義、自主管理等と関連する。

④内発的発展は地域分権と生態系重視に基づき、自主性と定常性を特徴とする。

3）CREの「ネオ内発的発展論」の概念については、ニール・ウォードら（2005）が次のとおりまとめている。

「いかなる地方も外来的な力と内発的な力は併存しており、地方と外部の相互作用は地域レベルでは必然だからである。そこで重要となるのは、こうした広範なプロセス、資源、行動を自分たちに操縦できるように、どのようにして地域自ら能力を高めていくかにある。これがネオ内発的発展という概念である。そして、そのポイントは、地方とそれよりも広い範囲に及ぶ政治的、制度的、交易的、自然的な各種の環境とダイナミックに相互作用する関係の構築であり、さらにそうした相互作用をいかにして仲介するかにある。」

第２章　都市農村交流施策の展開

第１節　時代画期による都市農村交流施策の展開

都市農村交流は、国や自治体など行政の支援を受けて発展してきた経緯がある。都市農村交流は、農業や農村の振興、国土開発における都市部への過度の人口集中の是正、農村地域の過疎対策、都市住民と農村住民の相互理解の醸成などの公共的な意義を見いだされ、国の施策により牽引されてきた。特に1990年代以降は、関係省庁連携の政策群により推進されたことにより、地域住民が行う都市農村交流の取組みは、全国各地に広がり、拡大していった。地域の住民が組織的に行う都市農村交流事業のコミュニティビジネスや移住支援の取組みは国の支援を受け、行政と連携、協働の形態で行われることが多かった。都市農村交流の拡大・発展期には、地域住民が経営する組織は、自ら交流事業を行うとともに、農村の住民と行政、また、農村の住民と交流に訪れる都市住民や移住者との間の関係を取り持ち、また、地域の農家、事業関係者、行政など事業のステークホルダー間の調整役を担い、グリーンツーリズムや農村移住など都市農村交流事業の中間支援機能を果たしている。

都市農村交流事業において、このような中間支援機能を担う組織は、「都市と農村の交流・対流・共生」の観点から注目され、国の主導により推進されてきた経緯がある。特に、国土交通省（旧国土庁)、総務省（旧自治省)、農林水産省の３省では、それぞれの政策課題解決の一つの施策として都市農村交流事業を推進してきた。

国土交通省では、国土計画の面から、都市部の人口集中の緩和と地方への還流をめざす「交流・定住施策」が実施された。三全総における「定住圏構想」のもとUターン現象がみられた。その後、東京一極集中がすすむ中、「多極分散型国土」形成、「多自然居住地域」構想、「二地域居住」の推奨など、都市と農村の交流・定住に関する施策・事業が実施された。

また、総務省では山村地域から農村地域へと拡大していく「過疎」対策の面から農村移住・定住施策を推進してきた。自治体への財政措置や民間事業者への税制措置により、ハード面、ソフト面から農村における定住環境の整備を支援してきた。

さらに、農林水産省では、農林水産業低迷という構造的課題に対する「農業・農村政策」として、農業後継者や地域の担い手確保を目的に農村移住施策を推進してきた。

そして2000年代に入ると、退職期を迎える団塊世代が、定年を期に生まれ育った故郷に帰って老後を過ごすのではないか、という「ふるさと回帰」が注目され、2007年には、関係省庁連携による農村移住支援施策が実施された。農林水産省の関係団体として、都市と農村の交流や移住を推進する全国組織「オーライ！ニッポン会議」が設立され、また、総務省の関係団体として「移住・交流推進機構（JOIN）」が設立された。さらに、内閣府の研究会では、再チャレンジできる社会をめざし、大都市と地方の二地域居住やＵＩターンを可能にする「暮らしの複線化」が提言された。地方ではこれらの国の施策に呼応し、移住支援に取り組む自治体が増加していった。

結果的に団塊世代の「ふるさと回帰」の現象は生じなかったが、定年後のセカンドライフに田舎暮らしを志向する都市住民は一定数存在し、また2000年代の後半から2010年代にかけて若者の農村志向の高まりがみえ、若者を農村に迎え入れようと地域おこし協力隊の制度が創設された。

都市から農村への移住・定住を推進する施策は、人口の大都市集中の緩和、農村の過疎対策、農林業の新たな後継者確保、都市と地方の共生、都市住民の農村への理解醸成など多面的な目的をもって実施されてきた。また、地方の人口減少に危機感を抱いた「地方消滅」に対する議論の高まりの中で地方創生政策が実施され、全国の自治体は、地方へ向かう新しい人の流れ、特に若者が地方に向かう流れを創出するために、地方移住の支援施策に取り組んでいる。

次に、これら３省による施策を中心にそれぞれの時代画期における都市と農村をとりまく状況と都市農村交流施策を整理し（**表2-1**）、中間支援を担う組織が出現した経緯を明らかにしていく。

1．都市農村交流の前史から発現期

1950年代初頭から1970年代半ばにかけての高度経済成長は、1950年の「国土総合開発法」の制定が端緒となった。「全国総合開発計画」(1962)、「新全国総合開発計画」(1969) のもと、新産業都市建設を目的に拠点開発方式により地域開発を行い、わが国の社会資本整備が進んだ。主要な地方都市では「重厚長大」型産業が発展し、エネルギー革命をもたらした。燃料は石炭から石油へ転換し、山村の主要な副業であった薪炭の需要も急激に減少した。薪炭市場の縮小は、山村地域の過疎化の内的要因となったといわれている (岡田ら 2007)。

都市では大量の人口流入により過密や公害などの都市問題が深刻になり、都市住民は、農村の豊かな自然に癒しややすらぎを求めた。国は自然休養村整備事業 (1971) を創設し、農村を観光やレクリエーションの場としてキャンプ場や滞在施設の整備を進めた。この事業を活用して観光農園事業に取り組む農家も現れた。

また、高度経済成長により農工間で広がった所得格差を是正するため、農業基本法が制定された (1961)。農村では、農業構造改善施策や大型農機具の投入により農業の近代化を進め、農業所得の向上をめざした。また、1970年には「総合農政」の推進が閣議で了承され、米の減産や離農の促進、需要の強い畜産、果樹、野菜などに重点を移した施策が展開された。これにより、生産性の向上、農家の所得向上に一定の成果があったが、農業の省力化や「農村地域工業導入促進法」の制定 (1971) による農村への企業導入により、農業の兼業化、農村の混住化が進むこととなった。

このような状況のもと、条件の不利な山村地域の人口減少にはじまった過

表 2-1　都市と農村をとりまく状況と都市農村交流施策等

年代	時代画期	年	都市と農村をとりまく状況
1950 年代	高度経済成長期	1950	「国土総合開発法」制定（高度経済成長の端緒）（国）
		1952	「農地法」制定、自作農体制が確立（農）
1960 年代		1961	「農業基本法」制定（農業構造改善政策、農業の近代化）（農）
		1962	「全国総合開発計画」策定（拠点開発構想）（国）
		1969	「新全国総合開発計画（新全総）」策定（大規模プロジェクト構想（国）
1970 年代		1970	・万国博覧会開催
		1971	・「農村地域工業導入促進法」制定（国）（農） ・日米農産物交渉、グレープフルーツなど 20 品目、牛・豚・豚肉など 17 品目輸入自由化（農）
	低成長期	1973	・第 1 次オイルショック ・変動相場制に移行
		1977	
		1978	
		1979	第 2 次オイルショック
1980 年代		1980	
		1984	日米農産物交渉、牛肉・オレンジの輸入枠拡大で合意（農）
		1985	・プラザ合意によりドル高是正の協調介入強化 ・「男女雇用機会均等法」制定 ・「労働者派遣事業法」制定
		1986	前川リポート発表、内需拡大へ政策転換
	バブル期・ポストバブル期	1987	
1990 年代		1990	
		1991	・「限界集落」の概念が提唱 ・日米牛肉・オレンジの自由化開始
		1992	
		1993	ＧＡＴＴウルグアイラウンド農業交渉、米・ＥＣ基本合意成立
		1994	
		1995	・「食料管理法」廃止、「主要食料の受給及び価格の安定に関する法律」（食糧法）制定（農） ・阪神淡路大震災発生
		1996	英でＢＳＥ問題発生
		1998	
		1999	
2000 年代		2000	中山間地域等直接支払制度スタート
		2001	欧州で口蹄疫広がる
		2002	食品企業がＢＳＥ問題で輸入牛肉を国産と偽装
		2003	米で初のＢＳＥ確認、米産牛肉輸入全面停止
		2004	・新食糧法制定によりコメ販売の自由化（農） ・「平成の大合併」本格化
		2005	国勢調査（日本の人口は減少局面へ入る。）
		2006	平成の大合併により市町村数が減少 市町村数 3,232（1999）→1,820（2006）
		2007	団塊世代が 60 歳定年を迎える。
		2008	・日本の人口は減少に転じる。 ・中国製冷凍餃子事件発生 ・汚染米流通事件発生 ・「定住自立圏構想」提示（総） ・リーマン・ブラザーズ破綻による世界金融危機発生
		2009	
2010 年代	リーマンショック・東日本大震災後	2010	
		2011	東日本大震災発生
		2014	日本創生会議が「消滅可能性都市」を発表
		2015	
		2017	「農村地域への産業の導入の促進等に関する法律」制定（農） （「農村地域工業導入促進法」廃止）
		2018	

資料：筆者作成。
注：（国）は国土交通省（旧国土庁）、（総）は総務省（旧自治省）、（農）は農林水産省関連。

時代区分	都市農村交流の関連法、政策等
前史～発現期	
	「過疎地域対策緊急措置法」制定（総）
	自然休養村事業創設（観光農園整備促進）
初動期	
	「第三次全国総合開発計画（三全総）」策定（定住構想）（国）
	新農業構造改善事業開始（体験農園整備）（農）
	「過疎地域振興特別措置法」制定（総）
	・「第４次全国総合開発計画」（四全総）策定（多極分散型国土開発）（国） ・「総合保養地域整備法」（リゾート法）制定（国）
拡大・発展期	・「市民農園整備促進法」制定（農） ・農業農村活性化農業構造改善事業開始（都市農村交流施設整備）（農） ・「過疎地域活性化特別措置法」制定（総）
	「新しい食料・農業・農村政策の方向」（新政策）を公表、グリーンツーリズム推進を位置づけ（農）
	・農政審報告「新たな国際環境に対応した農政の展開方向」（農） ・「農山漁村滞在型余暇活動のための基盤整備の促進に関する法律」（農山漁村余暇法）制定（農）
	・「21 世紀の国土のグランドデザイン」（五全総）策定（多軸型国土構想、農山村は「多自然居住地域」と位置づけ）（国） ・「農政改革大綱」にグリーンツーリズム推進を明記（農）
	「食料・農業・農村基本計画法」制定（農業基本法廃止）（農）
	・「過疎地域自立促進特別措置法」制定（総） ・第 22 回ＪＡ全国大会においてファーマーズマーケット（農産物直売所）等を通じた地産地消の取り組み強化を決議
	『食』と『農』の再生プラン」を発表、「都市と農山漁村の共生・対流」を重要施策と位置づけ（農）
	農家民宿の規制緩和（旅館業法、旅行業法、道路運送法、どぶろく特区）
	・「食育基本法」制定（農） ・都市と農山漁村の共生・対流に関するプロジェクトチームが「都市と農山漁村の共生・対流の一層の推進について」を提言 ・「都市と農山漁村の共生・対流推進会議（オーライ！ニッポン会議）」設立（農）
	・「農山漁村の活性化のための定住等及び地域間交流の促進に関する法律」（農山漁村活性化法）制定（農） ・「地方再生戦略」の中で「地方と都市の『共生』」を基本理念として位置づけ ・「移住・交流推進機構（ＪＯＩＮ）」設立（総） ・「暮らしの複線化」研究会が「暮らしの複線化に向けて」を報告
	・暮らしの複線化に関する再チャレンジ支援を事業化 ・「子ども農山漁村交流プロジェクト」事業化（農） ・「田舎で働き隊！」事業開始（農） ・「国土形成計画（全国版）」策定（国）
	「地域おこし協力隊」事業化（総）
新展開期	「地域資源を活用した農林漁業者等による新事業の創出等及び地域の農林水産物の利用促進に関する法律」（六次産業化・地産地消法）制定（農）
	・「まち・ひと・しごと創生法」成立、「地方への新しい人の流れをつくる」政策を推進 ・「国土のグランドデザイン２０５０～対流促進型国土の形成～」策定（国） ・「田園回帰」の概念が提唱される。
	「国土形成計画（全国版）」策定（国）
	「これからの移住・交流施策のあり方に関する検討会」報告－関係人口の創出に向けて－（総）

疎化の現象は農村地域にも拡大し、60年代後半には全国的な動向として現れる。農村における人口の急激な流出は地域社会が保全してきた農村における資源の管理を困難にし、地域社会の弱体化を招いた。農村では、定住環境の整備を目的に過疎地域対策緊急措置法が制定された（1970）。過疎法は法期限ごとに見直しが行われ、地域要件や対象事業が追加されて現在まで延長されている。過疎地域の指定を受けた市町村では、法による地財措置や補助金の交付により、地域住民の生活維持や産業振興に向けた事業が実施されてきた。

２．都市農村交流の初動期

1970年代後半には低成長時代に入る。農村の過疎、都市の過密問題が顕在化した時代背景のもと、第３次全国総合開発計画（三全総）（1977）では、生産と生活を一体として地方の住民が定住の魅力を持つことができる環境整備が必要であると、地方における定住圏構想が提唱された。この時期、地方から都市への人口流動が一時的に沈静化した。一方、重化学工業の構造不況が現出、企業は合理化やコスト削減に取組み、欧米に自動車や電気機械などを積極的に輸出した。この結果、1980年代前半には貿易摩擦問題が浮上し、国際的な摩擦解消圧力のもと農産物輸入政策がとられた。

日米交渉により段階的に輸入枠が拡大し、海外の農産物が流入していった。米、ミカンなどの農産物は、生活スタイルの変化による消費量減少とも相まって価格が低迷した。農家経営の複合化、多角化を推進する政策のもと、農産物加工や直売などの副業に取り組む農家が増加していった。また、農村地域への工業導入により兼業農家が増加し、農家経営の主体は女性や高齢者が担うこととなっていった。

３．都市農村交流の拡大・発展期

オイルショック後の物価高騰は地価暴騰へとつながり、1980年代後半にはバブル経済を招く。前川リポート（1986）後に策定された第４次全国総合開発計画（四全総）では、内需拡大、交流ネットワーク構想が打ち出された。東京一極集中の是正、地方圏の整備を進める「多極分散型国土」の形成をめざし、都市住民の農山漁村での複数地域居住（マルチハビテーション）が提唱された。また、農村の発展は都市の成長との結びつきの中で考えられ、「総合保養地整備法（リゾート法)」の制定（1987）等、外来型の地域開発が進められた。計画の目標である「国土の均衡ある発展」は、農村を都市に近づけるため、農村のインフラ整備をめざしたものであった。

この時期、経済のグローバル化が進み、東京は国際都市へと成長していく。人や企業が東京へと一極集中していく一方で、特に生産や生活の条件が不利な中山間地域において農村の人口が減少していった。従来、農村では資源の有効な活用を地域の住民が行い、多面的な機能を村落の社会的な枠組みのなかで保ってきた。地域の生活を協力して支え合い、生活の基盤を維持・保全してきた。農地や里山に通じる道路は「草刈り」や「道普請」により修復され、秋の収穫に感謝する「村祭り」などは地域のアイデンティティの保持に役立った。このような相互扶助や共同作業により支えられてきた農村は、農家の減少や高齢化により従来の機能を果たし得なくなっていった。農村の過疎・高齢化の深刻な状況に「限界集落」という言葉が使われた（1991)。

農林水産省では、国際的な農産物輸入自由化圧力の高まりのなか、「新しい食料・農業・農村政策の方向」（新政策）を公表（1992）し、農地集積、効率的・安定的な経営体の形成を目指し、認定農業者制度の創設や組織の法人化の推進など、経営の大規模化による農業経営基盤の強化が図られた。一方、グリーンツーリズムを「緑豊かな農村地域において、その自然、文化、人々との交流を楽しむ、滞在型余暇活動」と規定し、都市と農村の共存関係構築を重要な施策と位置づけた。その後、「市民農園整備促進法」（1990）のもと都市住民など農業者以外の者が農業を体験できるようになり、滞在型市民農園（クラインガルテン）などの施設も整備された。また、「農山漁村滞在型余暇活動のための基盤整備の促進に関する法律」（1994）が制定され、グリーンツーズムの基盤である農家民宿などの整備が進められた。また、農業構造改善事業により、農村には公共の滞在施設の整備がすすめられた。

ウルグアイラウンド農業合意（1993）後は農産物輸入が急速に拡大し、農産物価格の低迷を背景に農村地域政策としてグリーンツーリズムが強力に推進された。

1990年代後半以降はバブル経済が崩壊し、農村ではそれまでの民活主導の大規模・画一的な外来型地域開発への反発から地域固有の資源を活用した農村リゾート創造という内発的発展の機運が高まった。この時期、東京への一極集中がさらに進み、「21世紀のグランドデザイン」（1998）では、多軸型国土形成を基本目標に、豊かな自然環境に囲まれた農村を「多自然居住地域」と位置づけ、マルチハビテーションやテレワーク（情報通信を活用した遠隔勤務）による移住・定住施策が打ち出された。さらに2000年代に入って策定された「国土形成計画」（2008）では、「暮らしの複線化研究会」の報告（2007）をもとに二地域居住やＵＩJターンによる定住や交流など、多様な形で農村への人の誘致、移動の促進をめざした。

また、農協は農産物直売所を通じた地産地消強化を決議した（2000）。農産物の直売は、個々農家による庭先販売から、農協や地域の農家が直売組織を構成し、行政の支援などを受けて設置したファーマーズマーケットや「道の駅」に農家が農産物を持ち寄って販売する大規模施設経営が普及していった。BSE問題（1996、2003）や産地偽装問題（2002）もあり、直売所には、安全・安心な食を求めて都市から購入客が多く集まった。やがて、これらの施設は、都市農村交流の場としても注目を集めるようになっていく。

2000年代には、農林水産省において「『食』と『農』の再生プラン」が策定され、都市と農山漁村の共生・対流を重要施策と位置づけた。旅館業法、旅行業法、道路運送業法など農家民宿の規制が緩和（2003）されたことにより、グリーンツーリズムに取り組む農家は全国的に増加した。並行して「都市と農山漁村の共生・対流推進会議（オーライ・ニッポン会議）」（農林水産省、2005）、「移住・交流推進機構（JOIN）」（総務省、2007）などの全国的な推進組織が設立された。

日本は人口減少時代に入り（2008)、さらに、団塊の世代が退職期を迎える（2007）という時代背景も加わって都市農村交流による地域振興が注目された。その取り組みは、関係省庁連携による政策群により全国に広がっていった[1)]。また、市町村合併の動きは2003年から2005年にかけて大きく、市町村数は2006年４月に1,820に減少した。それにともない市町村の行政区域は拡大し、住民と行政の距離は心情的な面も含め遠くなった。農山漁村活性化法（2007）では、自治体だけでなく地域で都市農村交流を行う「地域の経営体」（中間支援機能を担う組織）も支援対象になっている。

また、総務省・文部科学省・農林水産省の３省連携により「子ども農山漁村交流プロジェクト」が開始され（2008)、農家の「お母さん」である女性が活動の中心となり、都市農村交流における女性の役割が注目された。

４．新しい都市農村交流の展開期

リーマン・ブラザーズ破綻による世界金融危機（2008）や東日本大震災（2011）は若者の意識を変化させた。都市はもはや安定した雇用を提供する場ではなくなり、若者の非正規雇用の増加や派遣切りが問題となった。また、東日本大震災を契機に、人と人、家族相互のつながりに意識が向くようになった。経済的な豊かさよりも人と人とのつながりを求め、社会や地域の役に立ちたいと願う若者が少しずつ増加し[2)]、その中には、農村へ目を向ける若者も現れた[3)]。

一方、農村では、過疎化や高齢化により集落機能の低下が深刻化し、特に条件がきびしい中山間地域では、生活空間としての集落の消滅が危惧されるようになってきた。

政府が打ち出した「まち・ひと・しごと創生総合戦略」(2014）により、地方への人材還流は国家的な政策課題となり、地方の自治体は移住・定住政策に本腰を入れて取り組み始めた。地方の消滅可能性の議論（2014）に対抗し、「田園回帰」の概念が提唱（2014）された。

また、「国土のグランドデザイン2050」(2014）や新しい「国土形成計画」

(2015) では、従来の定住・交流施策に加え、IT産業をはじめとした多様な産業振興による「二地域生活・就労」が注目されている。総務省においても、「これからの移住・交流施策のあり方に関する検討会」報告 (2018) において、定住人口でも交流人口でもなく、地域や地域の人々と多様に関わる「関係人口」の創出をめざし、関係人口と地域をつなぐ中間支援機能が注目されている。

第2節　都市農村交流における中間支援組織の登場

都市住民が農村において行う都市農村交流については、農家女性の主体形成、農村の多面的な機能や集落を維持するための支援者や担い手確保、交流の鏡効果による農村住民の誇りの回復[4)]、さらに、分離・対立が進んだ都市と農村を目に見える関係で取り結ぶなどの意義が議論されてきた。国においてもその意義を認め、各方面から施策が形成された。高度経済成長期以降、一貫して都市へと向かう人口の地方への環流をめざした「交流・定住施策」(国土交通省)、農村の過疎・高齢化の対策として地域の定住環境の整備、都市住民の地方移住を推進する「過疎地域対策」(総務省)、農林水産業の低迷という構造的な課題に対する「農業・農村施策」(農林水産省) などである。そして、農村において地域の住民が組織を作って取り組む都市農村交流事業に各方面から支援施策が打ち出された。

農村では、輸入農産物との競合や食生活の変化に対応し、個々の農家は農産物の加工や直売、また、ふるさと宅配便の直送やオーナー制度など「モノ」である農産物を主軸に都市住民との交流を始めた。また、行政が主体となり「ふるさと会員制度」による交流や「山村留学の受入れ」に関する移住支援等が行われた。

1990年代には、ガットウルグアイラウンド農業交渉の基本合意以降、海外から安価な農産物が大量に流入、また、人口や経済の東京一極集中により農村では過疎化や高齢化が深まる中、グリーンツーリズム受入れによる人と人の交流や都市住民の農村移住が注目されるようになった。農村では、活力が低下する農村の振興という行政施策の方向において、都市住民の滞在施設、農産物直売所など交流拠点を整備する事業や都市農村交流における体験事業の人材育成や都市部への情報発信の事業など、国の関係省庁が連携してハード面、ソフト面から農村に対する行政支援が行われた。また、「特区制度」などによりグリーンツーリズムの普及に向けて法規制の緩和も行われ、後に特区適用から全国適用へと展開した[5)]。地域の住民が都市農村交流事業を組織化し、地域づくりとして行う「コミュニティビジネス」への交流の質の変化は、地域の経営体を生んだ。地域の経営体は自ら事業を行うとともに、地域住民と行政の関係において、また、地域住民と都市住民の関係において中間支援機能を担った。

また、それまで行政が主導して進めてきた山村留学や農林業の担い手を確保するための研修事業などの一連の流れの中で行ってきた移住支援の取組みにおいても、民間組織が主体的に取り組む動きが生まれてきた。関係省庁が連携した施策の実施や全国の推進組織が設立されるなど国の後押しもあり、農村においても、地域の外部からサポートを求める取組みとして、行政と協働して都市住民の農村移住を支援しようとする機運が生まれ、地域住民と行政の関係において、また、地域住民と都市住民や移住者の関係において、中間支援機能を担う組織ができていった。都市農村交流による地域づくりをめざした地域の経営体や移住支援団体は、行政の支援対象になるとともに、農村内部においては地域の合意形成や小規模な個別農家や地域住民の活動をつなぎ都市農村交流事業を行い、農村外部に向かっては、交流拠点や相談窓口を設置して都市住民を受け入れるとともに、地域への橋渡しを行った。

また、中間支援を担う組織の必要性は、市町村合併による行政区域の拡大にも起因する。小田切（2015）は、「地域マネジメント」は行政のみの仕事と決めつけることはなく、農村においてもNPOなどの中間支援組織が部分的に担当する例もあると述べている。市町村合併による住民と行政との距離

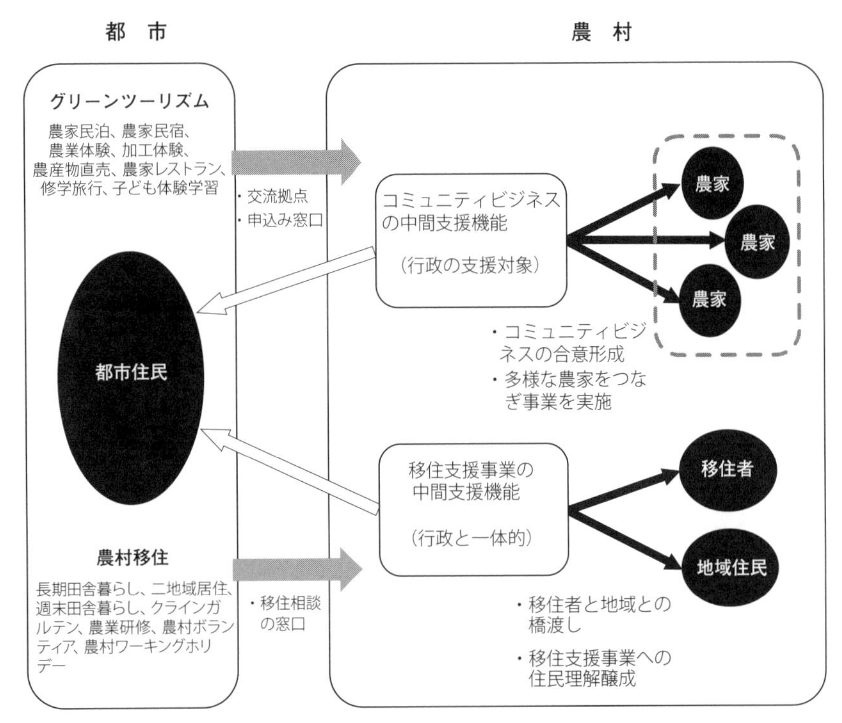

図2-1　都市農村交流事業の中間支援機能

資料：筆者作成。

の拡大や行財政改革にともなう人員削減により、行政と住民を介在して中間支援を担う組織は地域づくりにおいてその役割が増していると言えよう。

本書ではこれらの都市農村交流事業の特性をふまえ、先行研究においても必要性が指摘されている都市農村交流の中間支援機能について、行政の関与・支援が比較的小さく、農村社会との関係もそれほど深くない都市農村交流コミュニティビジネス（グリーンツーリズム関連）における中間支援機能、また、地域の農家と行政の関与・支援は大きく、農村社会との関係も深い農村移住関連事業における中間支援機能の分析を行い、地域の持続的な発展に資する都市農村交流の中間支援のあり方を考察する（図2-1）。

注

１）大浦（2008）参照。「都市と農山漁村の共生・対流」は農林水産省、総務省、文部科学省、環境省、国土交通省、経済産業省、厚生労働省および内閣府の８府省連携によるプロジェクトチームが立ち上げられ、2005年に「都市と農山漁村の共生・対流の一層の推進について」の提言がなされた。

２）『平成25年版厚生労働白書、図表2-4-10働く目的。http://www.mhlw.go.jp/wp/hakusyo/kousei/13/dl/1-02-4.pdf』（2016年４月１日参照）

３）小田切・筒井編著（2016）pp.134～139。ふるさと回帰支援センター（2002年設立、地方移住を支援）への相談は、2009年以降、40歳代以下の来場者割合が高まっている。

４）小田切（2015）は地域づくりにおける都市農村交流の意義として、第一は、農村の人々が地域の価値や宝を都市住民の目を通じて見つめ直す「鏡効果」が自らの暮らしをめぐる独自の価値観の再構築（＝「暮らしのものさしづくり」）を可能にし、過疎化の深化により農山村に拡がる「誇りの空洞化」を反転させる力を持つこと、第二は、一般的な観光業とは異なり、鏡効果によるお互いの学び合いが要因となり、多くのリピーターを獲得することから、交流産業としての条件が備わっていると指摘する。そして、地域の「新しい価値」のさらなる上乗せを実現することにより、地域づくりの持続化に向けた可能性を見出すことができると述べた。

５）グリーンツーリズム推進のため、次のとおり農家民宿関係の規制緩和が行われた。

・農林漁家が民宿を行う場合の旅館業法上の面積要件が撤廃され33m^{2}に満たない客室面積でも簡易宿所営業の許可を得ることが可能になった（2003）。
・農家民宿が行う送迎輸送を道路運送法の許可対象外になった（2003）。
・農家民宿が行う農業体験サービスは旅行業法の対象外になった（2003）。
・農家民宿における消防法の誘導灯等の設置基準に柔軟な対応を行った（2004）。
・農家民宿に関する建築基準法上の取扱いを明確化した（2005）。
・農業生産法人の行う事業に農作業体験施設の設置・運営や民宿経営を追加した（2005）。
・余暇法の農林漁業体験民宿業者の登録対象を農林漁業者又はその組織する団体以外の者が運営するものにも拡大した（2005）。

第3章　都市農村交流コミュニティビジネスにみる中間支援機能

第1節　コミュニティビジネスの展開

農業経営の多角化を目的にはじまった都市農村交流事業により、個々の農家、特に女性が中核となって自家で生産された農産物の加工や販売を行い、また、農家民泊を営み、農村にグリーンツーリズムが広まっていった。最近では、農家が生産だけでなく、加工や販売に取り組み、地域の資源に付加価値を生む活動について「六次産業化」と定義されている。

都市農村交流は、2011年に「地域資源を活用した農林漁業者等による新事業の創出等及び地域の農林水産物の利用促進に関する法律」（六次産業化・地産地消法）が成立してから六次産業化としても推進されるようになった。また、先行施策として推進されていた「農商工等連携促進法」[1)]にもとづく農商工等連携施策によっても並行して進められてきた。農村では六次産業化・地産地消法のもと、農村の資源を有効に活用し、農林漁業者が事業の多角化や高度化、また、新たな事業の創出をめざし、農林水産物や副産物を加工・販売する取組みや都市住民との交流により農家民宿や観光農園などを経営する取組み、さらに、小水力発電などで自然エネルギーを活用する取組みなどとともに農産物の地産地消を推進する取組みが行われ、六次産業化が推進されている。

おもな都市農村交流にかかる六次産業化の進捗状況について、農業生産関連事業の2010年度から2016年度までの年間販売金額の推移（**表3-1**）をみると、2016年度の年間販売金額は２兆275億円で６年間増加傾向にある。増加率をみると、合計額では2010年度から22.5％増加しており、個別事業では、

表 3-1　農業生産関連事業の年間販売金額の推移

（単位：百万円）

区分	年間販売金額合計	農産物の加工		農産物直売		観光農園、農家民宿、農家レストラン	
2010 年度	1,655,236	778,332	47.0%	817,586	49.4%	59,318	3.6%
2011 年度	1,636,820	780,118	47.7%	792,734	48.4%	63,968	3.9%
2012 年度	1,745,125	823,730	47.2%	844,818	48.4%	76,577	4.4%
2013 年度	1,817,468	840,670	46.3%	902,555	49.7%	74,243	4.1%
2014 年度	1,867,233	857,678	45.9%	935,630	50.1%	73,925	4.0%
2015 年度	1,968,047	892,291	45.3%	997,394	50.7%	78,362	4.0%
2016 年度	2,027,512	914,086	45.1%	1,032,367	50.9%	81,059	4.0%
2010-2016 増加額	372,276	135,754		214,781		21,741	
2010-2016 増加率	22.5%	17.4%		26.3%		36.7%	

資料：農林水産省「６次産業化総合調査報告」より作成。

注：農林水産省６次産業化総合調査報告。http://www.maff.go.jp/j/tokei/kouhyou/rokujika/（2018 年 11 月 3 日参照）

農産物の加工は17.4％、農産物直売は26.3％、観光農園、農家民宿、農家レストランは36.7％とそれぞれ増加している。また、それぞれの事業の割合をみると、農産物の加工と農産物直売の割合が大きく、２つの事業を合わせると96.0％を占めている。一方で、販売金額に占める観光農園、農家民宿、農家レストランの割合は低い。

このように農業の六次産業化は年々拡大傾向にある。都市農村交流において農産物の加工・直売という「モノ」の交流が販売金額の大部分を占めていることがみてとれるが、一方で、観光農園、農家民泊、農家レストランという「人」の交流が中心になる六次産業化については、全体に占める割合は小さいながら徐々に増加していることに注目したい。

コミュニティビジネスはこのような個々農家による農業の六次産業化の延長線上に存在している。特に、地域の住民が「地域づくり」という目的を持ち、個々農家の六次産業化の事業を集め、地域としてまとまることでコミュニティビジネスを形成している取組みがみられる。小林（2013）は、六次産業化の事業の方向には「地域・コミュニティ志向」と「産業・ビジネス志向」があり、「地域・コミュニティ志向」の取組みの場合、地域住民のニーズに対応した、より日常的な商品・サービス等の供給が中心となり、農村女性起業を中心とした各種の取組みや多様なコミュニティビジネスが事業の方向性であると述べている。

コミュニティビジネスは農村よりも都市部の方が多くの取組みがみられるが、コミュニティビジネスの意義について次のように論述されている。

細内（2006）は、コミュニティビジネスを「地域コミュニティを基点にして、住民が主体となり、顔のみえる関係の中で営まれる事業」と定義し、事業をビジネスにすることにより雇用が生まれ、継続性が期待でき、また、地域の多様な人、モノ、カネ、情報の循環により、地域内に自律的な経済基盤を築くことができると述べている。

風見・山口（2012）は、コミュニティビジネスの目標を「地域の真の豊かさを達成するための地域経済システム」を「経済活動と社会貢献との両立を目指した地域主体のビジネス」から構築しようとすることであると述べるとともに、「コミュニティビジネスとは地域社会に密着した社会貢献的な活動を事業化する取り組み」であるとし、コミュニティビジネスは形態も多様、目標も多岐にわたるが、共通点はコミュニティを主体とした持続可能な社会の構築であり、最適な利益や費用を選択するモデルとして評価されると述べている。

また、コミュニティビジネスのガバナンスについては、木下（2012）は、コミュニティビジネスに取り組む組織の多くをNPO法人と任意団体が占めている実態（NPO法人56.8％、任意団体15.2％、株式会社8.0％（経済産業省2007調査））から、コミュニティビジネス組織は小規模な経営規模のものが多く、ボランティアスタッフを多用しているが、コミュニティビジネスは地域産業振興による雇用創出、地域福祉などの公共性を認められるような効果を生んでいることから、行政との効果的なパートナーシップが不可欠であると述べ、事業収益を基盤とし、地域の参加者からの負担金（出資や会費等）や行政からの補助金を効果的に組み合わせることによる持続的な取組みが必要であるとしている。

松本（2012）もガバナンスの視点から、コミュニティビジネスの目標はコミュニティの課題解決であり、営利組織との大きな相違点は、コミュニティビジネスは外部ステークホルダーのうち、資金提供者である行政や企業に対して必ずしも利益還元する必要がなく、第三者であるコミュニティや地域住民、サービス利用者に利益を還元する「自己完結しないシステム」であると言われており、成果を単に数値で測るのではなく、内部ステークホルダーであるコミュニティビジネスに関わる人が意義のある労働をしているのか、地域で生きていくことをどのように考えているのかを評価することが重要であると述べている。

このようなコミュニティビジネスの研究は、都市部における取組みを中心に考察したものが多い。ビジネスを行ううえでの外部環境については、都市と農村で大きな隔たりがあるが、コミュニティビジネスの目的や目標、課題について共通する部分も多く、特にガバナンスの面では、行政の関与や中間支援の必要性について、都市と農村のいずれにおいても共通する課題があると考える。

都市におけるNPOの中間支援を指摘する論述について、細内（2014）は、①情報発信、②地域における人材の発掘・育成、③職業訓練、④地域資源（人材、もの）に関する情報整備、⑤ファンド創設等資金面の支援を挙げている。また、石田（2009）は、農村におけるコミュニティビジネスを考察し、中間支援組織の役割を①情報の受発信、資源や技術の仲介、③資金の仲介、④人材の育成、⑤マネジメント能力の向上、⑥対内的・対外的ネットワークの形成、⑦活動・事業主体の評価、⑧コミュニティの価値創出を挙げている。

このような指摘に注目し、都市農村交流コミュニティビジネスにおける中間支援機能を考察していく。

第2節　和歌山県田辺市「秋津野ガルテン」にみる中間支援機能

1．（株）秋津野の都市農村交流コミュニティビジネス

和歌山県田辺市の上秋津地区では、旧上秋津小学校の木造の廃校舎を活用した「秋津野ガルテン」（2008年開業）を中心に、都市農村交流のコミュニティビジネスが行われてきた。都市農村交流コミュニティビジネスにおける中間支援機能の考察にあたり、地域の経営体としてグリーンツーリズムの受け皿となり、都市農村交流事業を展開する（株）秋津野を取り上げる。秋津野ガルテンにおけるコミュニティビジネスは国などにおいても評価され、2015年には「第２回ディスカバー農山漁村の宝」に選定、2018年には新聞社が選定した全国の「廃校の宿」ランキングでグランプリを受賞、2019年には第16回オーライニッポン大賞においてグランプリ内閣総理大臣賞を受賞した。また、2017年には、（株）秋津野は経済産業省から「地域未来けん引企業」[3)]として選定されている。

（株）秋津野は、2008年に「秋津野ガルテン」を開業し、農家レストランや宿泊施設をはじめ色々な形態の都市農村交流事業を行い、農家の都市農村交流の支援を行ってきた（**表3-2**）。秋津野ガルテンでは、色々な都市農村交流の取組みが行われている。農家レストラン「みかん畑」では農家のお母さんたちが地元の食材を使って田舎の料理を手作りし、県内外から訪れる観

秋津野ガルテン

農家レストラン「みかん畑」

表 3-2　（株）秋津野の概要

中間支援組織	農業法人（株）秋津野
事務局	農ある宿舎「秋津野ガルテン」内
設立	2007 年
組織構成	代表者：農家 出資者：地域住民（議決権あり）と地域外住民（議決権なし）
活動内容	農家レストラン「みかん畑」、宿泊施設、市民農園、 お菓子体験工房「バレンシア畑」、農業・加工体験、 農家民泊、完熟みかんのオーナー制度
利用者数	66,551 人（2017 年） 農家レストラン、宿泊、市民農園、農家民泊、体験、みかんのオーナー制

資料：（株）秋津野資料およびヒアリングにより作成。

光客や地元のリピート客に提供し、「食」の地産地消を進めている。また、宿泊施設の利用者は日本人の地域への観光客のほか、最近では世界遺産「熊野古道」へ向かう外国人観光客やスポーツ合宿を行う学生などの宿泊も増加している。

2010年には工房「バレンシア畑」が開業し、地元の若い女性たちが都市農村交流事業に参加するようになった。地元で生産された農産物を使ってお菓子を製造・販売するほか、お菓子作りやジャム作りなどの加工体験にも力を入れており、小さな子どもを連れた来店客も増加している。

さらに、地元農家は（株）秋津野を仲介し、テレビ媒体と連携した「完熟みかんのオーナー制度」のしくみを作っており、毎年、みかんの木のオーナーを募集し完熟みかんを送っている。オーナーには収穫したみかんを送るだけでなく、みかんが実るまでの剪定・施肥・草刈・摘果等の栽培の状況や青いみかんが色づいていく様子を定期的にレポートにして送り、農作業の大変さを知ってもらうとともに、安全・安心に育てた完熟みかんを送って喜ばれている。

農家は（株）秋津野を介し、農産物の販売やみかんの直売、農家民泊、農業・加工体験などの都市農村交流の取組みを行っている。このような秋津野ガルテンを中心とした都市農村交流事業は情報媒体や口コミにより都市部に広がり、利用者も年々増加傾向にある。2017年の秋津野ガルテンの利用者数は66,551人に上る。

このような田辺市上秋津地区の都市農村交流コミュニティビジネスは、住民の住民が志や目的を持って過去から行ってきた自主的・主体的な「地域づくり」の取組みの中から生まれた。

地域にはもともと山林などの共有財産を保有し、管理する団体である「社団法人上秋津愛郷会」があり、毎年、地域振興、学校教育の振興、治山緑化の事業を行っていた。このような地域づくりの土壌があって、1994年には、地域住民の幅広い合意形成を実現するために、地域内の組織や団体を網羅した「秋津野塾」が組織された（**図3-1**）。秋津野塾では地域行事の決定などに迅速な決断を行うほか、地域内の組織や団体の代表が集まり、合意形成の場となっている。秋津野ガルテンにおける都市農村交流の実施は、秋津野塾における住民らによる検討の中で、方向性を決め、実施に向けた手順が決められていった。

上秋津地区の都市農村交流の検討は、2000年から2002年にかけて和歌山大学の教員も加わり行われた、秋津野塾の「地域の将来を考えるマスタープランづくり」から生まれた。上秋津地区の住民が作成した地域のマスタープラン「秋津野塾未来への挑戦～田辺市上秋津と地域づくり～」において、地域づくりの目標や取組みの内容が記載されているので次に引用する。

「重点目標をもう一度掲載する。環境保全型・循環型地域の創造、安全・安心な食べ物の供給拠点づくりと農業の総合化の推進、農村的要素と都市的要素の融合した地域の創造、「草の根文化」の創造、「遊びの場」の整備と福祉の充実、訪問者に感動と親切なもてなし（ホスピタリティ）を提供できる地域づくり、地域住民の「協働」の輪の拡大、ほかの地域との交流・連携の強化、の七つである。」

そして、「都市住民との交流の推進とそのための体験・宿泊などの受け入れ施設を整備することも大事だ。そこでは、小学校の総合学習への対応など、交流のためのいろいろなプロジェクトの開発ができる。」

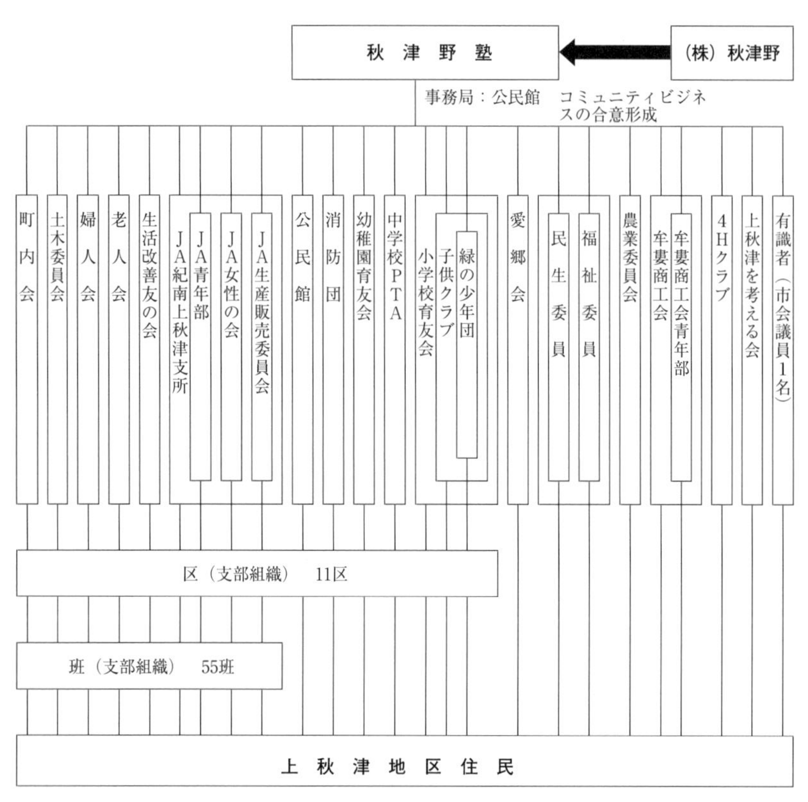

図3-1　「秋津野塾」組織図

資料：（株）秋津野の資料に一部加筆。

このように、マスタープランには都市農村交流とそのための受入施設整備の必要性が謳われており、都市農村交流拠点の整備は地域の合意事項として位置づけられ、小学校の移転を契機に、住民は計画実現に向かって動き出した。上秋津地区は小学校の移転にともない使われなくなった旧小学校の校舎と土地を所有者である田辺市から買い取り、都市農村交流の受入拠点施設として「秋津野ガルテン」の整備を行った。施設整備の資金は上秋津愛郷会、国の農山漁村活性化プロジェクト交付金、和歌山県と田辺市の補助金で賄った。また、「秋津野ガルテン」の運営会社として、2007年に農業法人（株）

表 3-3　田辺市上秋津地区における地域づくりと（株）秋津野の取組み

年	活　動　内　容
1957 年	*「社団法人上秋津愛郷会」発足*
1994 年	*「秋津野塾」結成*
1996 年	*豊かなむらづくり表彰事業（農林水産省）で天皇杯を受賞*
1999 年	*「きてら」が発足、直売所を運営（農家、地域住民の出資）*
2000 年	*マスタープラン「秋津野塾未来への挑戦」づくり（～2002 年）*
2003 年	*「きてら」が新築移転し、農産物加工施設を建設（追加出資）*
2004 年	*「俺ん家ジュース倶楽部」発足（農家、地域住民出資）*
2006 年	*きてらを法人化「農業法人（株）きてら」発足*
2006 年	*「秋津野ガルテン建設委員会」発足*
2007 年	「農業法人（株）秋津野」発足
2007 年	地域のお母さんが「農家レストランを考える会」を組織
2008 年	「秋津野ガルテン」開業（愛郷会出資、補助）
2008 年	「秋津野地域づくり学校」開始 （その後、和歌山大学寄付講座「地域づくり戦略論」へ）
2009 年	「秋津野農家民泊の会」発足
2009 年	完熟みかんのオーナー制度開始
2009 年	第７回オーライ！ニッポン大賞（農林水産大臣賞）を受賞
2010 年	お菓子体験工房「バレンシア畑」開設（（株）きてらと連携）
2010 年	*（株）きてらと「俺ん家ジュース倶楽部」が資本・経営統合*
2011 年	*（株）きてらがジュース工場新設*
2013 年	ファンド受入れ廃園対策（太陽光パネル設置、ブルーベリー園等）
2013 年	「第２回ディスカバー農山漁村の宝」（農林水産省）に選定
2016 年	ファンド受入れ（6 次産業化）
2017 年	「地域未来けん引企業」（経済産業省）に選定
2018 年	「廃校の宿」ランキング（日本経済新聞社）でグランプリ受賞
2018 年	宿泊棟増設、IT ビジネスオフィス「秋津野グリーンオフィス」新設
2019 年	第 16 回オーライ！ニッポン大賞（内閣総理大臣賞）を受賞

資料：（株）秋津野資料およびヒアリングにより作成。
注：活動内容は、実施主体が（株）秋津野以外に関する事項は斜字。

秋津野が設立した。1957年に社団法人上秋津愛郷会が発足してからの上秋津地区の地域づくりと（株）秋津野の取組みを**表3-3**にまとめる。

（株）秋津野の設立に際して地域内の住民だけでなく、外部の関係者からも資金を募り、298名の協力を得て3,330万円の出資金が集まった。そして、これらの出資に対して、地区の住民には議決権付きの株式が、地区外の出資者には議決権制限株式が発行され、（株）秋津野が地域の住民に運営されることを担保した。上秋津地区では、1999年の農産物直売所の運営組織である「きてら」の設立や2004年の柑橘のジュース加工の事業組織「俺ん家ジュース倶楽部」設立の際も住民が出資して必要な資金を調達している。(株) 秋津野の設立においても「秋津野ガルテン建設委員会」や「農家レストランを考える会」で建物の内容や事業の運営方法を検討するなど、地域の合意形成のプロセスを丁寧に積み重ね、地域の協力を得ることができている。

(株) 秋津野は、「秋津野ガルテン」における都市農村交流事業に行政の支援を受けるとともに、都市住民などの交流拠点として、農村から外向きに、また、農家などに対し内向きに中間支援機能を果たしている。秋津野ガルテンにおいて宿泊施設や農家レストラン、市民農園など、行政の支援を受けて都市農村交流の拠点を整備し、運営を行うほか、農家が行う農産物加工・販売や加工体験、「完熟みかんのオーナー制度」、農家民泊や農業体験などについて、農村内部の個々農家の小さな取組みをまとめ、外部の都市住民に発信し、申込みの窓口として一括して受け付ける。(株) 秋津野は設立から10年が経過し、地域の合意形成を行いながらコミュニティビジネスを一歩一歩、着実に行ってきたことで事業体としての信用力が向上した。地域住民からの追加出資を受け、また、銀行や民間ファンドの資金も活用し、コミュニティビジネスの持続的な発展をめざして事業を拡大している。2019年には、スポーツ合宿などの新たな利用者を受け入れるために宿泊棟を増設し、また、地域の農業にIT技術の導入やワーケーション[4)]など新しい形のグリーンツーリズムをめざし、ITオフィスの建設や整備を行った。新しいオフィスには、和歌山大学の食農総合研究教育センターや地元田辺市出身者のIT企業などが入居し、事業を始めている。

さらに、秋津野ガルテンを拠点に、地域づくりを担う人材育成の取組みが行われている。2008年、和歌山大学との連携で「秋津野地域づくり学校」が開設された。この人材育成の取組みは秋津野ガルテンを会場に毎年継続して行われており、「地域づくり学校」や後継の和歌山大学南紀熊野サテライトの「地域づくり戦略論」の講座では、学生や地元農家、行政職員、農村振興に関心の高い一般受講者が一堂に会し地域づくりを学んでいる。

2014年度から2018年度までの5年間は、民間による研究開発助成の寄付講座で「地域づくり戦略論」が開講されており、同大学の教員だけでなく、全国的な議論をリードする著名な大学教員や地域づくりの現場で活躍する行政の施策担当者や民間事業者などを外部講師として招き、先進地の地域づくりや人材育成、地域資源の活用や六次産業化、都市と農村の関係とツーリズム、日本農業の現状と農山村再生などの視点から体系的な講座が開設されており、参加者は地域づくりの戦略を考える。2014年度から2018年度までの延べ受講者数は274名を数え（内訳：和歌山大学学生（継続受講生59名を含む）126名、一般受講生77名、大学教員と地域スタッフ（継続参加者44名を含む）71名）、社会人など一般受講生にも好評である。一般受講生の職業は、多い順にみると、行政職員（国家・府県・市町）、JA職員、農業者、地域おこし協力隊、NPO職員となっているが、近年では、大学の卒業生が同じ職場の同僚とともに参加する事例や学生の親（農業者）が参加する事例などがあり、まさに「多世代型」の学びの機会を提供しており、社会人となった後の「リカレント教育」の場にもなっている。この「地域づくり戦略論」の受講者は、その後、自らの地域や行政の現場で学びを実践に生かしている。また、学生の大学卒業後の進路をみると公務員（一般事務職、農学職、林学職）、JA職員、新規就農者、研究者（農研機構、島根県中山間地域研究センター、和歌山大学観光学研究）などの職で活躍している。

中間支援機能を有し、地域の経営体である（株）秋津野の設立により、都市農村交流の拠点としての秋津野ガルテンが整備された。また、個々農家による六次産業化の小さな経営をつないでコミュニティビジネスが形成された。橋本（2013）は、秋津野ガルテンにおけるコミュニティビジネスについて、住民の自主的・主体的な取組みが農山村の再生に尽くしてきたとし、上秋津地区の個々農家の「小さな生産」を加工、流通・販売、外食、体験観光などに結びつけることにより「小さな生産」の持続的発展を可能にすると指摘している。次項からは、田辺市上秋津地区の集落や農業生産の状況、また都市農村コミュニティビジネスに関わってきた農家を分析し、（株）秋津野がどのような中間支援機能を担ってきたか分析する。

２．和歌山県田辺市上秋津地区における農業経営の現況

上秋津地区は、和歌山県南部の主要都市、田辺市街地の郊外に位置し、農家は和歌山県の特産である南高梅などのウメと温州ミカンなど柑橘を栽培してきた。ウメ栽培は「みなべ・田辺の梅システム」として「世界農業遺産」に認定されている。周辺地域の生産量は44,000トンで国内シェアは55％を占める。この地域では多くの農家が収穫した梅を塩漬けし白干しする一次加工まで手がけ、白干しした梅を地域の加工業者が「梅干し」に商品化している。このような地域の農家と加工業者が連携し、地元で商品化するしくみが「紀州南高梅」をブランド化している。農家はウメを収穫後すぐ、または白干しにした状態で農協などに出荷する。一方、柑橘については、温州ミカンの価格低迷により晩柑類への転作が進み、80種類という多品目の柑橘が生産されている。地域ではこのようなウメと柑橘類の生産という複合経営と他品目の柑橘の周年出荷で農業経営を安定させてきた。また上秋津地区は市街地から近いこともあり地域には新興住宅地が増え、他地域から移り住んできた新しい住民との混住化が進んでいる。地域の農業経営について、2015年農林業センサス農業集落カードを通してみていく（**表3-4、3-5**）。

上秋津地区は平地農業地域の畑地集落に分類されており、農業集落は11集落である。集落では、混住化が進んでいる。地区の総戸数は1,022戸となっており、そのうち総農家数は241戸、非農家は758戸あり、農家は全体の24％程度となっている。また農業の形態をみると、専業農家の割合は比較的高く、農業の兼業化はそれほど進んでいない。専業農家は131戸、第１種兼業農家は38戸、第２種兼業農家は72戸で、専業農家の割合は54.4％と全体の半数を占める。農家や農業就業人口の増減については、農家数は５年前の調査時点と比べ10.1％減少している。一方、農業就業人口率は64.5％、農業就業人口に占める生産年齢人口率は48.5％と、農業を担う人材はいずれも県平均よりも高くなっている。

また、各農家の経営耕地面積をみると0.3〜1haが40.7％と最も多く、続い

表 3-4　上秋津地区における農業経営（1）

	総戸数（戸）	農家数（戸）	非農家数（戸）	専業農家（戸）	第一種兼業農家（戸）	第二種兼業農家（戸）	農家数の増減率（%）	農業就業人口（人）	農業就業人口率（%）	農業就業人口のうち生産年齢人口率（%）
旧上秋津村	1022	241	758	131	38	72	▲10.1	495	64.5	48.5
上秋津 1	42	9	32	6	2	1	▲18.2	17	68.0	23.5
上秋津 2	38	20	18	13	2	5	0.0	43	72.9	44.2
上秋津 3	76	22	54	13	4	5	▲4.3	44	63.8	40.9
上秋津 4	135	23	109	14	3	6	▲11.5	43	71.7	39.5
上秋津 5	96	12	78	9	1	2	▲14.3	29	69.0	58.6
上秋津 6	56	21	35	8	3	10	▲8.7	35	48.6	54.3
上秋津 7	36	21	11	12	4	5	▲16.0	47	68.1	53.2
上秋津 8	50	19	31	14	2	3	▲9.5	43	86.0	41.9
上秋津 9	224	44	177	19	10	15	▲2.2	102	62.6	62.7
上秋津 10	159	24	134	7	2	15	▲14.3	36	47.4	41.7
上秋津 11	110	26	79	16	5	5	▲18.8	56	68.3	42.9
和歌山県							▲10.8		58.7	43.2

資料：2015 年農林業センサス農業集落カードより作成。

表 3-5　上秋津地区における農業経営（2）

	経営耕地面積				温州ミカン		その他柑橘		ウメ		樹園地面積の増減率（%）	耕作放棄地率（%）
	（a）	樹園地	田	畑	（a）	農家数	（a）	農家数	（a）	農家数		
旧上秋津村	33,847	33,065	568	214	8,673	197	10,090	194	12,189	214	▲8.7	5.5
上秋津 1	1,322	1,322	-	-	402	9	458	7	310	7	▲11.6	5.8
上秋津 2	2,693	2,583	110	-	872	20	878	18	512	16	▲8.5	9.5
上秋津 3	3,196	3,168	20	8	441	13	1,464	20	1,155	19	15.0	5.0
上秋津 4	2,843	2,808	30	5	890	16	746	14	952	21	▲0.4	7.3
上秋津 5	1,928	1,711	101	116	404	8	507	8	723	11	▲9.5	1.3
上秋津 6	2,714	2,714	-	-	591	18	808	17	1,077	17	▲13.1	5.6
上秋津 7	3,786	3,776	-	10	912	16	762	16	1,774	19	▲23.8	6.4
上秋津 8	2,626	2,606	20	-	584	16	664	15	1,151	19	▲14.2	4.8
上秋津 9	6,919	6,796	123	-	2,261	44	1,313	35	2,923	43	1.1	3.7
上秋津 10	2,367	2,214	118	35	467	13	806	18	719	19	▲18.7	8.0
上秋津 11	3,453	3,367	46	40	849	24	1,684	26	893	23	▲14.3	4.5
和歌山県											▲6.8	8.0

資料：2015 年農林業センサス農業集落カードより作成。

て１～２haが25.3％、２～３haが21.7％となっており、中規模経営の農家が多いことがうかがえる（**図3-2**）。

農地の用途については、樹園地が33,065aで全体の97.7％を占めており田や畑は少ない。樹園地で栽培されている果樹の品目ごとの栽培農家数と農地面積をみると、温州ミカンは197農家が8,673a、晩柑などの柑橘は194農家が10,090a、ウメは214農家が12,189aの農地を栽培しており、果樹の複合経営が

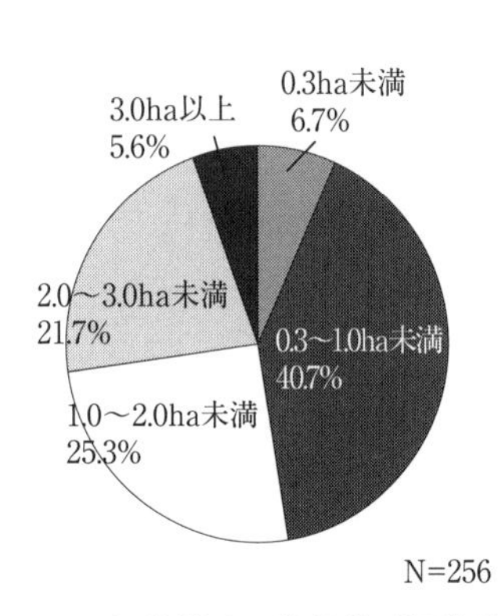

図3-2　経営耕地面積規模別経営体数

資料：2015年農林業センサス農業集落カードより作成。

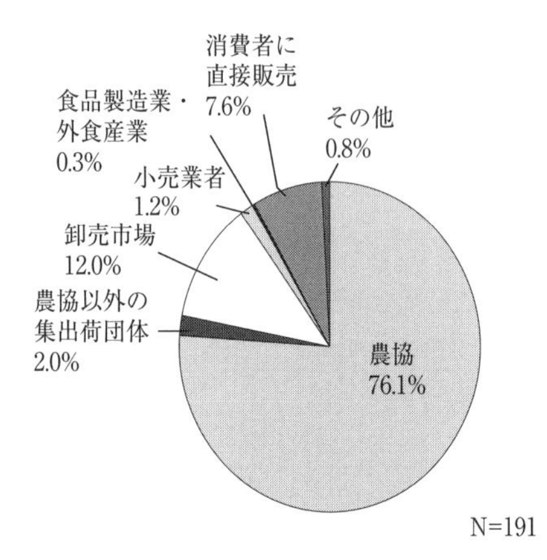

図3-3　農産物の売上げ1位の出荷先別経営体数

資料：2015年農林業センサス農業集落カードより作成。

みられる。しかしながら、これらの果樹の栽培面積も年々減少しており、5年前と比べると8.7%の減少率であり、耕作放棄地率も5.5%になっている。

さらに、農産物の売上げ1位の出荷先をみると農協が一番多く76.1%、次いで卸売市場が12.0%、消費者に直接販売が7.6%となっている（**図3-3**）。農協共販に出荷する農家の割合が高いが、農協共販以外の出荷先を確保し、農業収入を安定させようと努めている農家の存在もみえる。

3.「完熟みかんのオーナー制度」に参加する農家の実態と意識

2018年7月、上秋津地区における都市農村交流コミュニティビジネスを分析するために、「完熟みかんのオーナー制度」に参加する農家を対象にアンケート調査を実施した。

「完熟みかんのオーナー制度」は首都圏のテレビ媒体と連携し、2009年から実施されているが、最近の利用者は都市部の住民を中心に400人から500人程度になっている（**図3-4**）。このオーナー制度は、テレビの番組で「みかんの木のオーナー」を募集し、みかんの木に青い実がついてから実って収穫

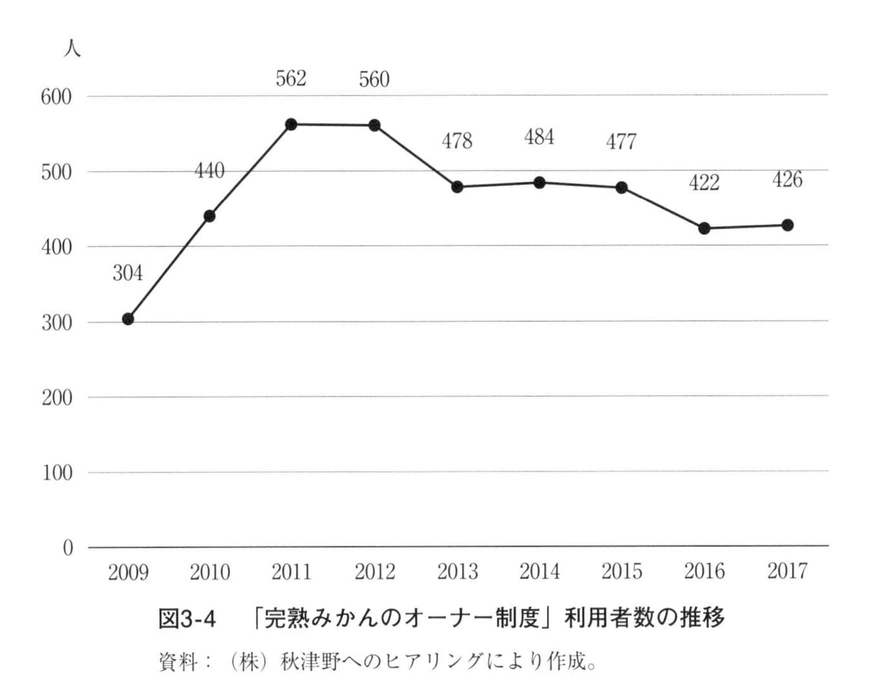

図3-4　「完熟みかんのオーナー制度」利用者数の推移

資料：（株）秋津野へのヒアリングにより作成。

するまでの期間、オーナーに一定の料金（３万円～５万円）で貸し付ける制度で、農家は安定した収入が確保でき、都市部のオーナーには栽培の見守りによる安全・安心と産地直送のみかんが手に入るしくみになっている。

毎年８月頃からみかんの木のオーナーの募集を行っており、農家はオーナーが決まると、毎月、生育状況をお便りすることにしている。テレビの放映エリアの関係で利用者は首都圏が多いが、新鮮で美味しいと繰り返し利用するオーナーも少なくない。収穫したみかんは12月に木箱に入れられ、贈答用や自家消費用としてオーナーの指定先へ送付される。このような「完熟みかんのオーナー制度」の取組みにより、みかんという「モノ」を介して都市住民との交流が生まれており、中には農家を訪ねてきた人もいる。

アンケート調査は、「完熟みかんのオーナー制度」に2018年に参加する農家20名を対象に実施した。（株）秋津野から農家にアンケート用紙を配布、

表3-6　「完熟みかんのオーナー制度」アンケート調査方法

項目	内容
(1) 調査対象	上秋津地区の農家（コミュニティビジネスに参加する中核メンバー）
(2) 調査期間	H30.7～H30.10
(3) 調査方法	事務局よりアンケート用紙を配布 （対面ヒアリングまたは事務局による回収）
(4) 回収率	100%（配布数20枚、回収数20枚）
(5) 調査項目	属性、農業経営、完熟みかんのオーナー制度、都市農村交流に対する意識
(6) 分析視点	都市農村交流コミュニティビジネス参加による農家の農業や地域に対する意識変化

資料：筆者作成。

表3-7　「完熟みかんのオーナー制度」参加農家の属性

項目	項目の割合
(1) 性別	男性：90.0%、女性：10.0%
(2) 年齢	30歳代：15.5%、50歳代：25.0%、60歳代以上：60.0%
(3) 就農年数	10年未満：5.0%、10～20年未満：35.0%、20～30未満：10.0% 30～40年未満：25.0%、40～50年未満：10.0%、50年以上：15.0%
(4) 経営形態	専業農家：90.0%、兼業農家（第1種）：5.0%、 兼業農家（第2種）：5.0%
(5) 農業経営の規模	30a～1ha未満：25.0%、1～2ha未満：15.0%、2～3ha未満：50.0%、3ha以上：10.0%

資料：筆者作成

対面により直接ヒアリングを行い、または（株）秋津野の事務職員を通じ、参加農家全員のアンケート用紙を回収した（**表3-6**）。

アンケート回答者の属性は**表3-7**のとおりである。回答者の性別は、男性が90%、女性が10%で男性の割合が高い。年齢は30歳代が15.5%であるが、60歳以上が60%を占め、比較的高齢な農家の参加がみられる。また、就農年数をみると10年未満が5%と最も少ないが、参加農家の農業経験は長短さまざまである。就農の経緯についても、農業高校や大学を卒業して就農した農家や会社を定年退職、早期退職して就農した農家など、色々な経験をもつ農家が参加している。

農業センサスによる上秋津地区全体の専業農家率は54.4%であったが、当該アンケートでは専業農家は90%で、「完熟みかんのオーナー制度」は専業農家が中心になって運営されている。また、経営面積については、専業農家の割合が高いことを反映して、農業センサスでは地区全体で0.3ha以上１ha未満の小規模経営が40.7％を占め最も高かったが、今回のアンケートでは２ha以上３ha未満が50％で最も大きく、農業経営の規模は地区の平均を上回っている。しかしながら、今後の経営規模の予想については、ほとんどの農家が現状維持か規模縮小を考えており、農業センサスでみられた樹園地面積の減少傾向はここにも現れている。また、農業経営についても、ウメ、温州ミカン、晩柑の複合経営が中心となっている。一方、ウメと温州ミカンの販売先については、ウメは多くの農家が農協共販を利用しているが、温州ミカンは農協共販だけでなく、消費者に直接販売する農家が多い。

「完熟みかんのオーナー制度」に参加する個別農家の実態を分析するにあたり、都市農村交流において、「きてら」、「秋津野ガルテン」への農産物出荷やジュース加工の「モノ」の交流に加え、地域づくり学校、農家民泊、農業体験、農業研修を受け入れる「人」の交流を２つ以上行っている農家を「人の交流農家」にグルーピングし、「それ以外の農家」と対比して傾向をみた（**表3-8**）。

第１は、ウメと温州ミカンの販売先について、都市農村交流で「モノ」だけでなく「人」の交流を行う「人の交流農家」のグループは、農協以外の販売先に出荷する傾向があるということである。ウメは収穫してそのまま、またその後一時加工して農協に出荷する割合が高いが、温州ミカンは、「完熟みかんのオーナー制度」による宅配など消費者に直接販売し、農協以外の販売先を確保している農家が多い。

第２は、「人の交流農家」グループは、農業に対する学習意欲が強く、農業経営に積極的である（**表3-9**）。「栽培の新技術・知識の習得、向上」、「農業労働力の確保」、「都市農村交流やインバウンド受入の拡大」「栽培方法の見直し」について今後力を入れたいという農家が全体よりも多い。

第３は、「人の交流農家」グループは、「完熟みかんのオーナー制度」による都市農村交流に取り組む目的を農業収入の増加や販路拡大ではなく、㈱秋津野の交流事業の拡大、「秋津野みかん」のブランド力向上、消費者のみ

表 3-8 「完熟みかんのオーナー制度」参加の個別農家の実態

類型	農家	性別	年齢	就農年数	経営形態	経営面積	梅				温州みかん				
							面積(a)	農協共販(%)	消費者に直接販売(%)	その他(%)	面積(a)	農協共販(%)	消費者に直接販売(%)	完熟みかんのオーナー制度(%)	その他(%)
「人の交流」農家	1	男	60 歳以上	50 年以上	専業	2ha～3ha 未満	60 a	100%	–	–	80 a	–	90%	10%	–
	2	男	60 歳以上	50 年以上	兼業(第一種)	2ha～3ha 未満	60 a	80%	10%	10%	90 a	10%	80%	5%	5%
	3	男	60 歳以上	30 年～40 年未満	専業	2ha～3ha 未満	50 a	60%	20%	20%	40 a	–	90%	10%	–
	4	男	60 歳以上	40 年～50 年未満	専業	2ha～3ha 未満	60 a	100%	–	–	60 a	10%	85%	5%	–
	5	男	60 歳以上	50 年以上	専業	1ha～2ha 未満	–	–	–	–	30 a	30%	20%	20%	30%
	6	男	60 歳以上	20 年～30 年未満	専業	2ha～3ha 未満	50 a	60%	40%	–	50 a	–	80%	10%	10%
	7	男	60 歳以上	40 年～50 年未満	専業	1ha～2ha 未満	36 a	100%	–	–	124 a	–	62%	8%	30%
	8	男	30 歳代	10 年～20 年未満	専業	2ha～3ha 未満	40 a	80%	10%	10%	70 a	20%	50%	10%	20%
	9	男	60 歳以上	10 年～20 年未満	兼業(第二種)	30a～1ha 未満	10 a	–	–	100%	30 a	–	–	10%	90%
	10	男	30 歳代	10 年未満	専業	2ha～3ha 未満	30 a	100%	–	–	40 a	5%	35%	25%	35%
それ以外の農家	11	男	60 歳以上	10 年～20 年未満	専業	30a～1ha 未満	25 a	100%	–	–	60 a	80%	–	20%	–
	12	女	50 歳代	20 年～30 年未満	専業	30a～1ha 未満	100 a	100%	–	–	30 a	–	20%	30%	50%
	13	男	60 歳以上	10 年～20 年未満	専業	30a～1ha 未満	30 a	100%	–	–	50 a	–	10%	5%	85%
	14	男	50 歳代	10 年～20 年未満	専業	3ha 以上	250 a	90%	–	90%	60 a	50%	10%	10%	30%
	15	男	60 歳以上	30 年～40 年未満	専業	2ha～3ha 未満	70 a	90%	–	10%	180 a	30%	10%	5%	55%
	16	男	50 歳代	30 年～40 年未満	専業	1ha～2ha 未満	50 a	95%	–	5%	60 a	40%	39%	1%	20%
	17	男	60 歳以上	10 年～20 年未満	専業	30a～1ha 未満	30 a	100%	–	–	60 a	80%	–	10%	10%
	18	男	30 歳代	10 年～20 年未満	専業	3ha 以上	60 a	100%	–	–	250 a	70%	–	5%	25%
	19	男	50 歳代	30 年～40 年未満	専業	2ha～3ha 未満	100 a	20%	–	80%	150 a	69%	–	1%	30%
	20	女	50 歳代	30 年～40 年未満	専業	2ha～3ha 未満	–	–	–	–	不明	80%	10%	10%	–

資料：アンケート結果より作成。

表 3-9　今後の農業経営で力を入れたいと考えていること

	コミュニティビジネス参加	
	「人の交流」農家 N=10	全体 N=20
栽培の新技術・知識の習得、向上	60.0%	45.0%
農業労働力の確保	50.0%	45.0%
都市農村交流やインバウンド受入の拡大（体験農園、農家民泊等）	40.0%	20.0%
販路拡大	30.0%	30.0%
栽培方法の見直し	30.0%	25.0%
後継者の育成	20.0%	25.0%
栽培品目の増加（変更）	10.0%	15.0%
特になし	–	5.0%

資料：アンケート結果より作成。

表 3-10　「完熟みかんのオーナー制度」に参加しようと思った理由

	コミュニティビジネス参加	
	「人の交流」農家 N=10	全体 N=20
（株）秋津野の交流事業を拡大したい	80.0%	55.0%
「秋津野みかん」のブランド力を高めたい	70.0%	55.0%
消費者にみかん栽培について知ってほしい	70.0%	40.0%
販路拡大のため	50.0%	50.0%
農業収入の増加のため	40.0%	50.0%
消費者の声を直接聞くことができる	10.0%	5.0%
頼まれてやむを得ず	–	10.0%

資料：アンケート結果より作成。

かん栽培への理解に重点をおいており、都市農村交流の意義を総合的に捉える傾向にある（**表3-10**）。そして、（株）秋津野が行った都市農村交流の効果についても、地域の活性化とともに農業や農村への理解者の増加、農家の意識啓発、地域への産業創出、住民の愛郷心が育まれたと評価する農家が全体よりも多く（**表3-11**）、都市農村交流に参加したことにより生じた農業や地域に対する意識変化として、「知識や気づき」、「ブランド化されたという誇り」、「幅広く農業をしているという自尊心」、「お金だけではない農業の価値」、「農産物の生産・販売における思いの変化や地域への思いの変化」などを挙げている（**表3-12**）。

アンケート結果から、都市農村交流は直売や加工などの「モノ」を主軸にした交流だけでなく、「人」の交流まで総合的に取り組むことにより、農業所得の向上という個人的なことだけでなく、農業や農村に目を向ける意識啓発になり、都市住民に接することで自らの地域を深く考えるようになるという意識変化が見受けられた。

表 3-11　(株) 秋津野が行った都市農村交流の効果

	コミュニティビジネス参加	
	「人の交流」農家 N=10	全体 N=20
地域の活性化につながった	90.0%	84.2%
農業や農村への理解者が増えた	80.0%	57.9%
農家の所得向上につながった	60.0%	68.4%
農家の意識啓発につながった	60.0%	52.6%
地域に新しい産業が生まれた	60.0%	42.1%
住民の愛郷心が育まれた	50.0%	26.3%
移住者（ＵＩターン者）の増加につながった	30.0%	15.8%
農家の労働力確保につながった	20.0%	15.8%
農業後継者の確保につながった	10.0%	5.3%
特に意義は感じない	−	−

資料：アンケート結果より作成。

表 3-12　都市農村交流に参加して農業や地域に関する考え方の変化

「人の交流」農家	人と出会い、いろいろな話をして知識や気づきができた。
	ブランド化されてきた。苦労して作ったものに値を付けられるのがよい。
	幅広く農業をしているという意識がでてきた。お金だけでなく、農業をしていることを認めてくれる人が目に見える。
	農産物の生産・販売における思いの変化や地域への思いの変化
	H25 に「紀州熊野地域づくり学校」の講座を休まずに受講することができた。
	田舎の価値を感じる都市住民が一定数いることがわかった。
	地域のことを考えるようになった。
	農業以外のことを知ることができる。
それ以外の農家	ただ働くから考えながら仕事をするようになった。
	秋津野の農産物や自然をたくさんの人に知ってもらうことができた。
	会議や地域づくり、ボランティア参加が億劫でなくなった。
	農家の意識改革がもっと必要だと感じる。
	消費者の好みがわかるから良いと思った。
	地域に協力している。

資料：アンケート結果より作成。

４．まとめ—コミュニティビジネスの中間支援機能—

これまで田辺市上秋津地区の都市農村交流にかかるコミュニティビジネスについて、その形成の経緯から、都市農村交流を受入れる地域の経営体である（株）秋津野の取組みが拡大・発展している様子をみてきた。（株）秋津野は地域の自治組織である「秋津野塾」を通して事業の合意形成を行い、段階的に新しい事業を実施しながら都市農村交流を拡大してきた。また、地元農家へのアンケート調査からは、（株）秋津野が行ってきた「農家民泊」などによる人と人がふれあう「人」の交流を含めた複合的な都市農村交流が、農家の農業や地域に対する意識、また農家としての誇りという自身の内面の意識まで変化させていることが明らかとなった。

（株）秋津野の都市農村交流コミュニティビジネスにおける中間支援機能についてまとめていく。中間支援機能には「内向き」、「外向き」の役割があるととらえ、その視点から地域内部に対する「内向き」の役割、地域外部の都市住民や行政に対する「外向き」の役割について整理を行う（**表3-13**）。

まず、内向きの役割の第１は都市農村交流に関する地域の合意形成を行っていることである。（株）秋津野が中心となり、「秋津野塾」での発議や個別

表3-13　都市農村交流コミュニティビジネスにおける中間支援機能

内　向　き（地域）	外　向　き（都市住民、行政）
①地域の合意形成 ・地域住民の事業への出資 ・農家の新規事業への参画促進 ②農業経営の多角化を牽引 ・個々農家の小さな取組みをつなぎ農家所得の向上やブランド形成 ③内部能力の開発 ・都市農村交流による気づきや農業経営への積極性 ・地域づくり学校による人材育成	①都市農村交流の拠点の創出 ・農家レストラン、宿泊施設、市民農園、農家民泊、農業・加工体験受入れ ②効果的な情報発信 ・新聞、インターネットなど ③行政との連携 ・都市農村交流事業の支援の対象

資料：筆者作成。

の協議により、地域の住民の秋津野ガルテンにおける施設整備や新規事業への出資、農家の「完熟みかんのオーナー制度」など新しい都市農村交流への取組みを促した。第２は農業経営の多角化を牽引したことである。個々農家による柑橘の宅配や直売という小さな都市農村交流を（株）秋津野が地域の農家をまとめ、首都圏のテレビ媒体と連携しみかんを消費者に直接販売するシステムをつくることで、農家所得の向上やブランドの形成につなげている。そして、第３は地域の内部能力の開発を促進していることである。アンケートからも都市農村交流への取組みにより農家には「気づき」や「農業経営への積極性」が現れている。さらに、秋津野ガルテンにおいて10年間「地域づくり学校」が続いていることに注目したい。都市農村交流の「人」の交流とともに「地域づくり学校」における専門家や他の地域の実践者との交流は農家の人材育成に役立っている。

また、外向きの役割の第１は、都市農村交流の拠点を創出したことである。秋津野ガルテンには農家レストラン、宿泊施設、市民農園が整備された。（株）秋津野は、農家民泊、農業・加工体験などの受入れをおこない、都市住民の農村での活動を支援する。第２は情報発信が効果的にできるということである。（株）秋津野の運営する秋津野ガルテンは、2018年７月、新聞社が選ぶ廃校活用の事例で１位に選ばれた。第３は（株）秋津野の資金力の向上である。（株）秋津野は行政と連携して都市農村交流を推進し、国や自治体などが実施する都市農村交流事業の支援対象となり、また信用力も高まり、地域内外の住民からの出資や民間ファンドを活用して事業を行っている。

このように（株）秋津野は都市農村交流がコミュニティビジネスとして持続・展開していくうえで、中間支援機能として地域内部の内向きの機能と農村外部に対する外向きの機能を担ってきた。コミュニティビジネスの目的は営利組織と相違して、一義的に「コミュニティの課題解決」であると言われる。都市農村交流は、農業や農村の振興に資するものであると認め、行政も支援を行ってきた。今後も都市農村交流コミュニティビジネスが持続・展開していくうえで中間支援機能を担う組織の存在は欠かせない。

注

１）中小企業者と農林水産業者との連携による事業活動の促進に関する法律（2008制定）

２）経済産業省は2017年12月、地域の特性を生かして高い付加価値を創出し、地域の事業者等に対する経済的波及効果を及ぼすことにより地域の経済成長を力強く牽引する事業を積極的に展開している企業等2,148社を「地域未来牽引企業」として選定した。

３）ワーケーションとは「Work（仕事）」と「Vacation（休暇）」を組み合わせた造語。2000年代に米国で生まれ、自然環境の良い場所で休暇を兼ねてリモートワークを行う労働形態のことを指す。

第４章　都市住民の農村移住受入れにみる中間支援機能

第１節　農村移住支援事業の展開

都市から農村への移住については、都市・農村交流のひとつの形態として、「都市と農村の交流・対流・共生」の観点から注目され、国の主導により推進されてきた経緯がある。特に、国土交通省（旧国土庁）、総務省、農林水産省の３省では、それぞれの政策課題解決の一方策として農村移住を推進してきた。まず、国土交通省では、国土計画の面から、都市部の人口集中の緩和と地方への還流をめざした「交流・定住政策」が実行された。三全総における「定住圏構想」のもとUターン現象がみられ、その後、東京一極集中が進む中、「多極分散型国土」形成、「多自然居住地域」構想、「二地域居住」の推奨など、都市と農村の交流・定住に関する施策・事業が実施された。また、総務省では、山村地域から農村地域に拡大する「過疎地域」対策の面から農村移住を推進、財政措置を講じてハード面、ソフト面から農村の定住環境を整備してきた。さらに、農林水産省では、農林水産業低迷という構造的課題に対する「農業・農村政策」として、農業後継者や地域の担い手確保を目的に農村移住を推進してきた。

そして2000年代に入ると、退職期を迎える団塊世代の定年後のふるさと回帰が注目され、2007年、関係８府省の政策群による農村移住支援の流れができた。農林水産省の関係団体として、都市と農村の交流や移住を推進する全国組織「オーライ！ニッポン会議」が設立、また、総務省の関係団体として「移住・交流推進機構（JOIN）」が設立された。さらに、内閣府の研究会では、再チャレンジできる社会をめざし、大都市と地方の二地域居住やＵＩ

ターンを可能にする「暮らしの複線化」が提言された。地方では、これらの国の施策に連動し移住支援に取り組む自治体が増加していった。

結果的に団塊世代の定年帰住の動きはほとんどみられなかったが、セカンドライフに田舎暮らしを志向する都市住民は一定数存在し、2000年代の後半から2010年代には若者の農村志向が高まり、新たな動きをみせている。

地域貢献の意欲がある若者を農村に迎え入れようと、田舎で働き隊や地域おこし協力隊の制度ができた。都市部の住民が農村に移住し、報酬を得ながら地域協力活動を行うもので、この制度を利用し農村に暮らす若者は年々増加している。

都市から農村への移住・定住政策は、都市への人口集中の緩和、農村における過疎対策や新たな農業後継者確保、都市と地方の共生の観点から都市住民の農村に対する理解醸成など多面的な目的をもって実施されてきた。2014年、政府は「まち・ひと・しごと創生総合戦略」を策定し、地方創生政策を打ち出した。全国の自治体は地方版総合戦略を策定し、地方へ向かう新しい人の流れ、特に若者の流れをつくるため移住支援の取組みを加速させている。

第2節　行政主導による都市住民の農村移住受入れ

自治体は、人口減少により活力が低下する地域社会の活性化を目的に、国の政策による後押しを受け都市住民の農村への移住を支援してきた。都市住民が農村へ移住するためには、「仕事」「住まい」「暮らし」の確保が必要である。「仕事」については、農業など第1次産業の就業研修やＵＩターン就職の支援、「住まい」については、田園居住や二地域居住のための滞在型市民農園（クラインガルテン）の整備や空き家バンクの設置、また「暮らし」についてはＩターン者への移住時の生活助成なども行われた。

行政による初期の移住支援は定住施策の一環で行われた。地元企業への就職支援や農業などへの就業のための研修事業を地域の住民からＵＩターン者にも拡大し、移住を呼びかけ、総合的にサポートすることで定住につなげようとした。比較的早い段階から県レベルの移住支援事業が行われた島根県では、1992年に設立された「ふるさと島根定住財団」においてＵＩターン希望者への就職支援が行われ、また、高知県においても農業への就業を希望するＵＩターン者の研修などが行われた。このような行政主導による移住支援事業について、後に国の施策として全国的に実施された「緑の雇用」事業に特徴がみられる和歌山県における事例からみていく。

１．和歌山県における過疎化と第一次産業への就業状況

和歌山県は県全体の４分の３以上を森林が占め、過疎問題は山間の地域から発生してきた。1970年に制定された過疎地域対策緊急措置法のもと、過疎地域の指定を受けた県内の市町村は、全50市町村のうち14市町村で、県全体に占める面積は50.8％となっている。当該過疎地域の対策に作成された和歌山県の振興方針をみると、「所得と生活水準の均衡ある向上、ならびに住民の福祉水準の向上と地域間格差の是正」が目標とされ[1)]、過疎債の発行や国の補助事業を受けて、道路の整備、医療の確保、産業の振興等の取組みを行うとともに、国の制度に採択されない道路整備、社会環境整備、産業振興等の小規模事業については、山村振興特別対策事業として県が補助事業を実施するとされている。過疎法のもとで作成された県の計画や方針をみると、農林水産業等産業の振興や交通・通信体系の整備、生活環境の整備、高齢者福祉の向上、医療の確保、教育の振興、地域文化の振興、集落の再生等に取り組むことが謳われている。県では、過疎債の発行や国庫補助のかさ上げ等の国の支援を受け、生活基盤の向上を目指して幹線道路や水道設備の整備、産業基盤の整備など、ハード面の事業を重点的に行ってきた。

一方で、都市への人口流出はつづき、県内の過疎地域も拡大している。2015年に作成された和歌山県の過疎地域自立促進計画における過疎関係市町村の状況（**図4-1**）をみると、全30市町村のうち過疎地域は18市町村（うち過疎地域とみなされる区域を有する市町村：１市１町、過疎地域を含む一部

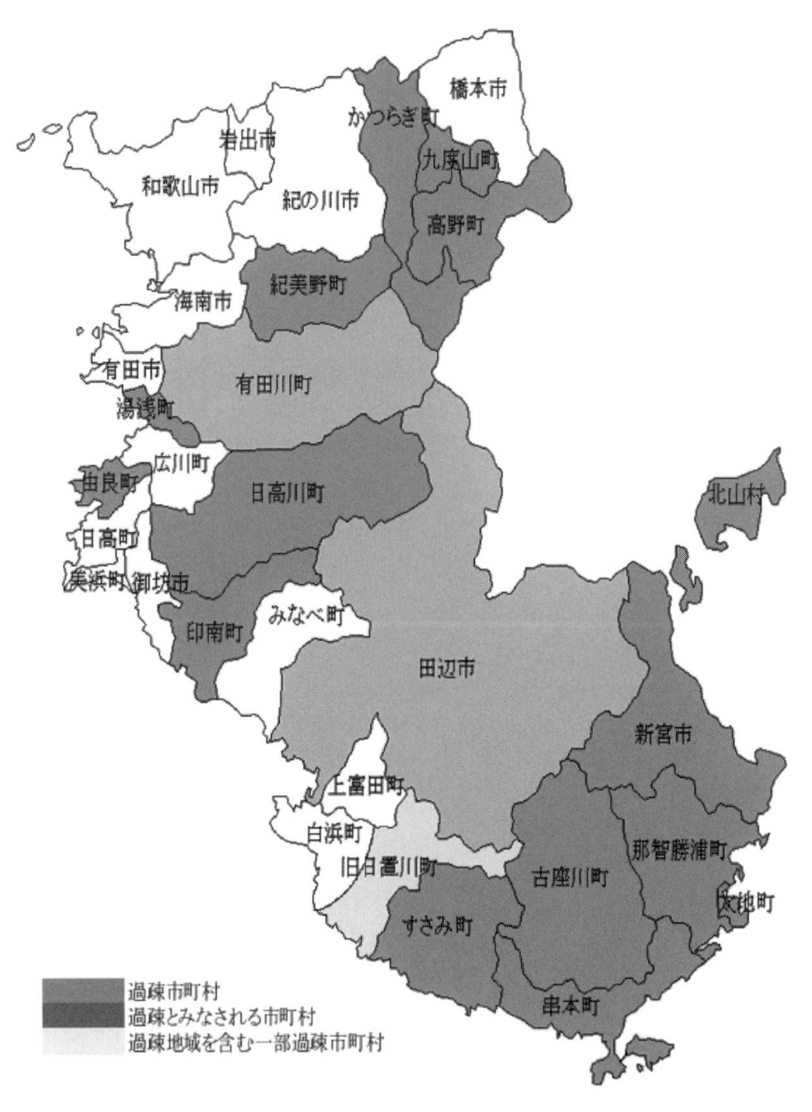

図4-1　和歌山県の過疎関係市町村

資料：和歌山県過疎地域自立促進方針（2015）より転載。

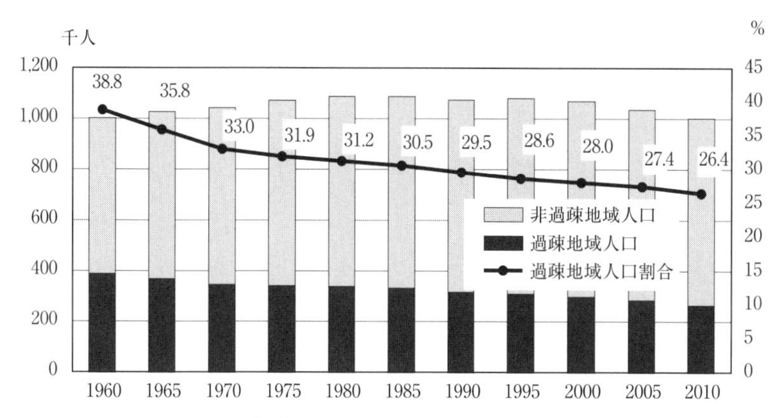

図4-2　和歌山県の過疎地域の人口とその割合

資料：和歌山県資料より作成。

表 4-1　過疎地域の状況（和歌山県－全国）

（単位：千人）

		1960 年	2010 年	増減
和歌山県	過疎地域人口	389	265	▲124
	県人口	1,002	1,002	0
	過疎地域人口割合	38.8%	26.4%	▲12.4
	県高齢者人口	73	271	198
	県高齢者比率	7.3%	27.3%	20.0
	過疎地域高齢者比率		31.8%	–
全国	過疎地域人口	19,923	11,355	▲8,568
	国人口	94,302	128,057	33,755
	過疎地域人口割合	21.1%	8.9%	▲12.3
	国高齢者人口	5,398	29,246	23,848
	国高齢者比率	5.7%	23.0%	17.3
	過疎地域高齢者比率		32.7%	–

資料：「和歌山県過疎地域自立促進方針（平成 28 年度～平成 32 年度）、総務省「平成 29 年度版過疎対策の現況」、2010 年国勢調査結果より作成。

過疎市町村：１町）あり、県全体に占める面積は75.6％であり、1970年の50.8％から大きく増加している。

過疎地域の状況を全国との比較でみると（**表4-1**）、2010年の本県の過疎地域の人口割合26.4％に対し全国は8.9％で、本県は過疎地域に居住する人口の割合が全国よりも高くなっている。また、1960年から2010年にかけての過疎地域の人口割合の変化をみると、本県（▲12.4ポイント）と全国（▲12.3

表 4-2　第一次産業への就業状況（和歌山県）

年次	就業者総数（人）	第１次産業 就業者数（人）	第１次産業 就業率
1960	457,345	157,936	34.5%
1965	481,181	129,783	27.0%
1970	511,565	113,326	22.2%
1975	487,213	87,405	17.9%
1980	499,416	80,313	16.1%
1985	497,049	74,153	14.9%
1990	503,903	63,542	12.6%
1995	521,584	60,823	11.7%
2000	499,157	52,712	10.6%
2005	478,478	49,873	10.4%
2010	450,969	41,923	9.3%
2015	445,326	38,997	8.8%

資料：国勢調査結果より作成。

ポイント）は同程度の低下である。

また、高齢化の状況をみると、本県の65歳以上の高齢者比率は、1960年の7.3%から2010年には27.3%と20ポイント増加し、全国における2010年の高齢者比率（23.0%）及び増加率（17.3ポイント）をそれぞれ上回り、本県は全国よりも高齢化がすすんでいる。さらに、2010年の過疎地域における高齢者比率は31.8%と約３人に１人が高齢者で、県内でも特に過疎地域において高齢化が著しい。

また、和歌山県における第１次産業就業者数は2015年には38,997人で全就業者数の8.8%である（**表4-2**）。内訳は、農業35,757人、林業1,145人、漁業2,095人となっており、農業就業者が９割以上を占めている。**表4-2**から、就業者総数と第１次産業就業者数の推移についてみると、1960年以降、就業者の総数は増加傾向にあったものの1995年をピークに減少し、最近では1960年の就業者総数を下回っている。一方、第１次産業への就業者数は一貫して減少し、1960年の158千人から2015年には39千人と約４分の１に、また、第１次産業就業率は1960年の34.5%から2015年には8.8%と25.7ポイント低下している。このような農林漁業を支える担い手の著しい減少は森林や農地の保全に支障を及ぼし、農村では鳥獣被害による農作物生産への影響が年々深刻になるとともに耕作放棄地も増加している[2)]。

２．就業支援型の農村移住の受入れ

和歌山県では農林業者の減少に対し、新たに「農業」、「林業」に就業する人材の確保や育成を目的に農林業への就業研修を行ってきた。このような農林業への就業研修は県内の住民を対象とするだけでなく、農村への移住を希望する都市部の若者にも拡大して行った。このような産業の担い手を確保するための研修に、本県の移住施策のはじまりをみることができる。都市部の若者を過疎化や高齢化がすすむ農山村へ呼び込み、林業の担い手を確保しようとした研修事業が「緑の雇用」事業であり、農業の担い手の確保を目的とした事業が「新規就農研修」事業である。このような産業の担い手確保から派生した就業支援型の移住施策は、①都市から農村への若者の移住、②農林業の担い手の確保、③地域の活性化という３つの目的をもっていた。

本県において開始された緑の雇用事業は、国の施策として全国的に実施された。事業開始当初は雇用対策として、多くの若者が森林組合等に雇用され、林業に携わりながら研修を受けたが、雇用を継続・拡大するための事業量確保という構造的な課題もあり、現在の緑の雇用事業は、雇用対策としての側面が小さくなり、林業労働者のキャリア形成支援の意味合いが大きくなっている。したがって、事業の中身も、森林組合等の林業従事者が業務内容を理解し、林業に定着するためのキャリアアップの研修が中心になっている。ここでは和歌山県の緑の雇用事業開始からの５年間と新規就農研修事業について、その内容と実績をみていく。

緑の雇用事業

和歌山県における緑の雇用事業は、2001年度の補正予算で成立した国の緊急地域雇用創出特別交付金事業（2001～2004）とリンクする形ではじまった。長引く景気低迷による失業者対策のため、地域に新しい雇用を創出することを目ざした国の緊急雇用創出事業を、林業労働力の確保につなげようとスタートした。採用した労働者を林業技術者として育成し、林業を担う労働力として確保するとともに、農山村に若者を定住させることを目的に行われた。緑の雇用事業は2003年度からは、林野庁の事業に引き継がれ、事業が継続されている。

和歌山県は緑の雇用事業の目的を、「森林が持つ公益的機能に着目し、その環境保全事業を展開することによって新しい雇用やビジネスチャンスを創り出し、都会と地方の交流を促進して、地域の活性化を図る事業」と捉えた。つまり、緑の雇用事業により、新しい雇用の創出を行うとともに、都市部から若者を呼び込むことによる地域の活性化、さらに、森林整備によりCO_2削減のための環境保全を行っていく、というものであった。和歌山県は林野面積が広く、森林の継続的な手入れが必要であるが、木材需要の低迷により林業経営が困難な状況から、手入れされない森林が増加している。緑の雇用事業は、森林の荒廃を防ぎ、CO_2吸収の機能を保全するために、環境林として公共事業で森林整備を行うことに意義を見いだし、林業労働者の新しい雇用を創出したものである。

和歌山県における緑の雇用事業の2002年から５年間の実績は、**表4-3**のとおりである。林業労働者は、森林組合に雇用され、2002年には465人が林業研修を受けた。当初、６カ月間の短期雇用であったが、その後、緊急地域雇用創出特別交付金事業、緑の雇用担い手育成対策事業（林野庁事業）、和歌山県の単独事業を通じて、合計３年間の継続した雇用が可能となり、2003年

表4-3　緑の雇用事業５年間の実績

年度	林業従事者（人）	林業従事のＩターン者（人）	就職・起業等のＩターン者（人）	Ｉターン者数の累計（人）
2002	465	123	10	133
2003	705	257	18	305
2004	596	290	39	418
2005	329	198	97	447
2006	261	152	123	461

資料：和歌山県資料より作成。
注：林業従事者は当該年度の人数、林業従事のＩターン者及び就業・起業等のＩターン者は当該年度末の人数。

は705人、2004年は596人、2005年は329人、2006年は261人が研修を受け、森林作業に従事した。

緑の雇用事業による県外からの移住者は、５年間で461人である。各年度の移住者の平均年齢をみると32歳から39歳で、若い世代が移住し、森林作業に従事している。長引く景気低迷により都市部の雇用力は低下し、地方に目を向ける若者があらわれた。自然や田舎暮らしを志向する若者が、林業研修生として農山村に移住してきた。このような移住者の若い家族は、地域の担い手として地元からも歓迎された。

研修を終えて引き続き林業を続ける移住者もいたが、森林作業から離れる者や、再び他の地域に移転する者もいた。緑の雇用で移住したＩターン者のうち、当該年度末において、林業に従事するＩターン者及び林業から離れて企業等へ就職、または自ら起業等して県内に居住するＩターン者をみると、緑の雇用事業開始から５年後の2006年度末には、引き続き林業に従事するＩターン者は152人、また、林業から離れて就職・起業等のＩターン者は123人であり、併せて275人が、県内で地域の担い手として生活している。これは、緑の雇用事業によるＩターン者の約60％となっている。

また、緑の雇用事業で移住してきた移住者の住まいの確保のため、2003年度から「緑の雇用担い手住宅」が整備された。農山村では賃貸住宅がほとんど存在しないことから、林業に従事するＩターン者の住宅として既存の公営住宅を使うとともに、木造平屋建ての世帯向け賃貸住宅が整備された。緑の

林業研修

緑の雇用担い手住宅

表4-4　「緑の雇用」担い手住宅一覧

	市町村名	施設名称	住宅（棟）
1	紀美野町	美里緑の雇用担い手住宅	4
2	かつらぎ町	花園緑の雇用担い手住宅	2
3	有田川町	清水緑の雇用担い手住宅	2
4	日高川町	中津緑の雇用担い手住宅	3
		美山緑の雇用担い手住宅	5
5	田辺市	龍神緑の雇用担い手住宅	3
		中辺路緑の雇用担い手住宅	9
		大塔緑の雇用担い手住宅	2
		本宮緑の雇用担い手住宅	7
6	白浜町	日置川緑の雇用担い手住宅	2
7	那智勝浦町	那智勝浦緑の雇用担い手住宅	4
8	串本町	古座緑の雇用担い手住宅	4
9	古座川町	古座川緑の雇用担い手住宅	5
10	新宮市	熊野川緑の雇用担い手住宅	1
11	北山村	北山緑の雇用担い手住宅	2
		合計	55

資料：和歌山県資料より作成。

雇用担い手住宅の状況は**表4-4**のとおりである。市町村合併があったため11市町村になっているが、現在、55棟ある住宅には、森林組合の職員や民間の林業従事者等が入居し、生活している。このような県内各地の農山村に緑の雇用事業で若い家族の移住を地元の住民が受入れたという経験は、その後の官民連携の移住支援につながっていく。

和歌山県就農支援センターにおける就農研修

和歌山県は、緑の雇用事業による林業の担い手を確保する事業につづき、農業においても広く担い手を確保するために、2004年、御坊市に和歌山県就農支援センターを設置した。同センターでは、県内で新しく農業を始めたい人に向けて、就農に関する相談や研修の実施、就農地域へ定着するためのサポートを行っている。

就農相談は、農業をしたい移住希望者に向けての就農の相談も行うため、県内だけでなく、大阪や東京でも開催されている。就農研修は、初心者でも農業を基礎から学ぶことができるプログラムで、農業の知識や技術、経営について学ぶ次の講座が設けられている。研修生には移住者もおり、座学と実習で果樹・野菜・花などの栽培を複合的に学ぶことができると好評である。

農業実習

①農業体験研修（１日）

②ウィークエンド農業塾（10日）

③技術習得研修（25日）

④社会人課程（９カ月）

また、就農・定着サポートでは研修生と現地のJA、農家、自治体をつなぎ、地域でスムーズに就農できるよう支援している。同センターが設立された2004年以降の和歌山県の新規就農者の推移（**図4-3**）をみると、15年間の新規就農者数は2,199人で、平均して年間約140人が新しく就農している。また、年齢をみると39歳以下が64.4％と、若年世代の就農者が多い。

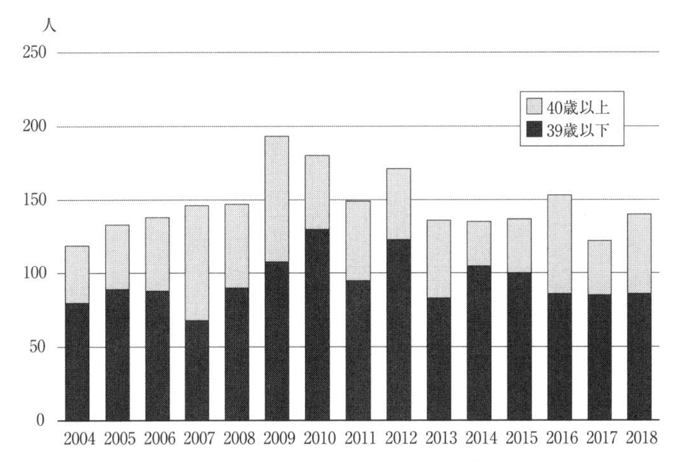

図4-3　新規就農者の推移

資料：和歌山県資料より作成。

また、新規就農者の内訳（**図4-4**）をみるとUターンが48.6%あり実家の農業の後継と考えられる。新規参入（県外）が6.3%あり、この中にＩターン者も含まれている。Ｉターン者には、農業の知識や技術、経営の研修に加え、住む家や農地の確保とともに、地域に定着するためのサポートが必要である。

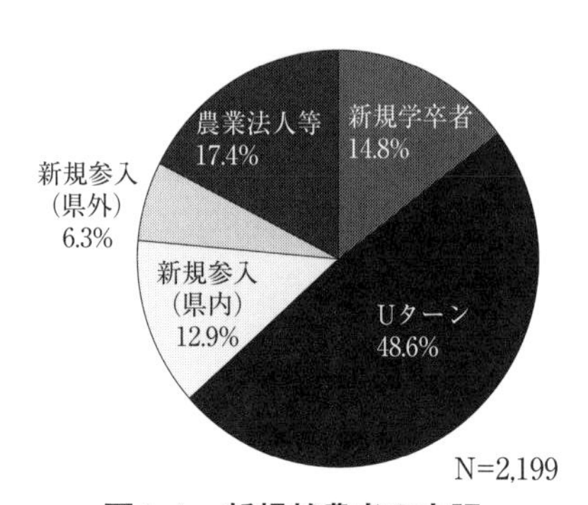

図4-4　新規就農者の内訳

資料：和歌山県資料より作成。

第３節　農村移住支援事業にみる中間支援機能

１．官民協働の農村移住支援の取組み

農林業への新規就業支援を移住希望者にも拡大して行った就業支援型の移住施策に加え、2006年には、都市住民の田舎暮らし志向を受けた移住施策が、「田舎暮らし支援事業」としてスタートした。この「田舎暮らし」という言葉は、テレビや雑誌などのメディアで取り上げられて1990年代から広く使われるようになった。都会で暮らすサラリーマンなどが定年を機に農村へ移住し、農業をしながら地元の住民とかかわりをもって第二の人生を過ごすような暮らしぶりは、新しいライフスタイルであるとして好感をもって受け入れられた。2002年には、田舎暮らしを希望する都市住民を支援しようと、東京都にふるさと回帰支援センターが設立され、地方の自治体と連携して移住先として希望する地域情報を都市住民に提供するなどの支援を始めた。特に、団塊の世代の大量退職が「2007年問題」としてクローズアップされると、定年後にふるさとへUターンする都市住民が増加するだろうと「定年帰住」の動きが予想された。

和歌山県では、このような都市住民の田舎暮らし志向に呼応し、2006年に

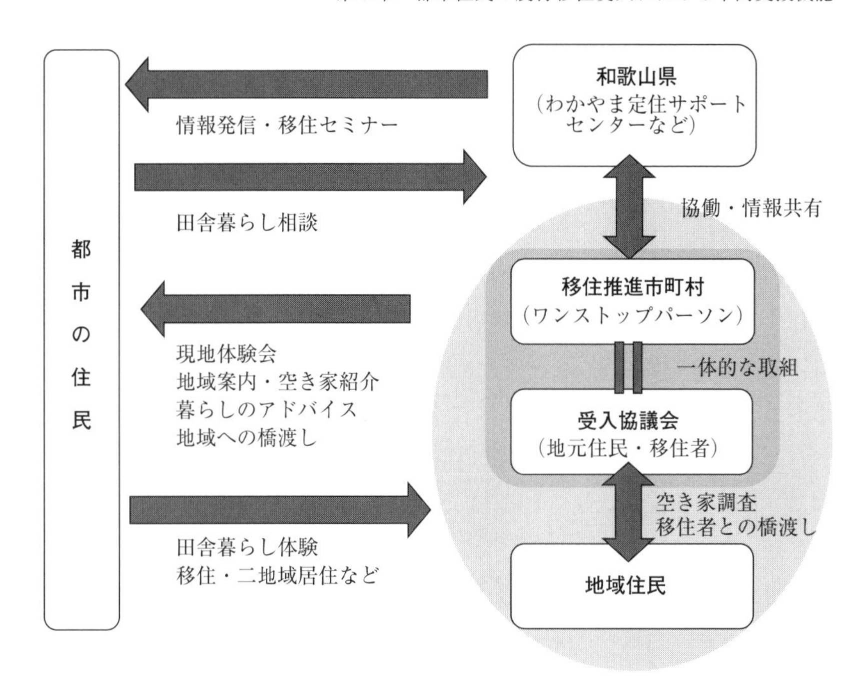

図4-5　和歌山県における移住支援の体勢

資料：和歌山県資料や聞き取りにより作成。

「田舎暮らし支援事業」を開始した。そして、県と市町村、そして地域の住民が官民協働で移住支援を行った（**図4-5**）。和歌山県では、以前から住民による移住支援の取組みが那智勝浦町色川地域などで行われていた。県と市町村は、このような住民主体の先導的な取組みを事業に組み入れ、官民連携した移住支援のしくみを作った。

行政である市町村は移住相談の担当者である「ワンストップ・パーソン」を配置するとともに、地域に移住者を受け入れる協議会（以下、受入協議会という。）が、官民連携組織として設置された。受入協議会は、地域の自治会の代表や移住者などで構成されたが、それまでに体験型グリーンツーリズムや地域の振興に向けた活動を行ってきた団体が兼ねる場合もあり、地域づくりを目的に新しい移住支援の取組みを始めた。また、受入協議会の運営を事務局として市町村の担当部署が担う場合が多く、行政と受入協議会が一体的に移住支援事業を行う体勢づくりが行われた。行政の担当職員である「ワンストップ・パーソン」は、移住に必要な住まいや子育て等に関する行政部署をまたぐ相談に、「ワンストップ窓口」として1カ所で対応する。また、受入協議会は、メンバーである先輩移住者が、移住希望者に地域での暮らしについて自らの経験をアドバイスするなどし、区長など地元のメンバーが、移住希望者と住民との橋渡しを行い、地域への移住につなげる。さらに、受入協議会は空き家の調査も行い、移住者に紹介できる住宅の情報を集める。そして、地域への移住が決まれば、空き家の仲介に、「田舎暮らし住宅協力員」として委嘱された宅地建物取引事業者が協力する。このように受入協議会は、行政と移住希望者や地元住民との間で移住や定住に関する中間支援機能を担っている。

このような官民協働した移住支援の取組みは、当初、県内の5市町でスタートしたが、地域の過疎化や高齢化が進み、移住支援に取り組む市町村が拡大していった。また、国の地方創生政策や県の呼びかけにより、2017年には県内30市町村のうち22市町村において移住支援に取り組む受入協議会が設置され、またすべての市町村に「ワンストップ・パーソン」が配置されるなど、移住支援事業は県全体に拡大した。

事業が開始された2006年から2018年にかけて移住相談や地域における案内件数は増加し、2018年における県内の農山村への移住者の累計は1,852人となっている（**図4-6**）。また、移住者の内訳（**図4-7**、**図4-8**）をみると、世帯主の年齢からみた世代別の移住割合では、40歳未満は45.0％あり、50歳未満では62.0％となっている。移住者（世帯主）の年齢層は、もともと想定していたセカンドライフに田舎暮らしを希望する中高年の割合は一定あるものの、それよりも子育て世代を中心とした若い世代の移住が多くを占めている。また、移住前の住所地から地域別の移住割合をみると、大阪を含め近畿圏からの移住者が66.2％あり、近隣都市圏からの移住が多くなっている。首都圏を含む関東からの移住者も17.6％で、農村から都市へ向かう「向都離村」と

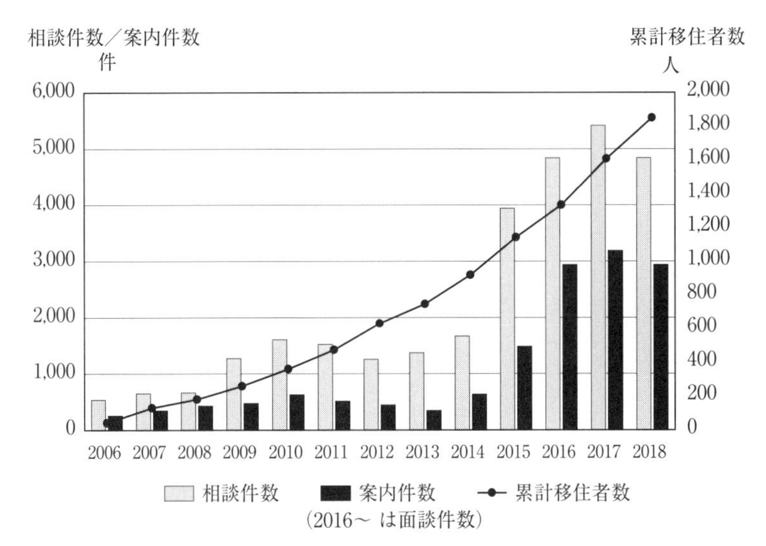

図4-6　和歌山県における移住支援事業

資料：和歌山県資料により作成。

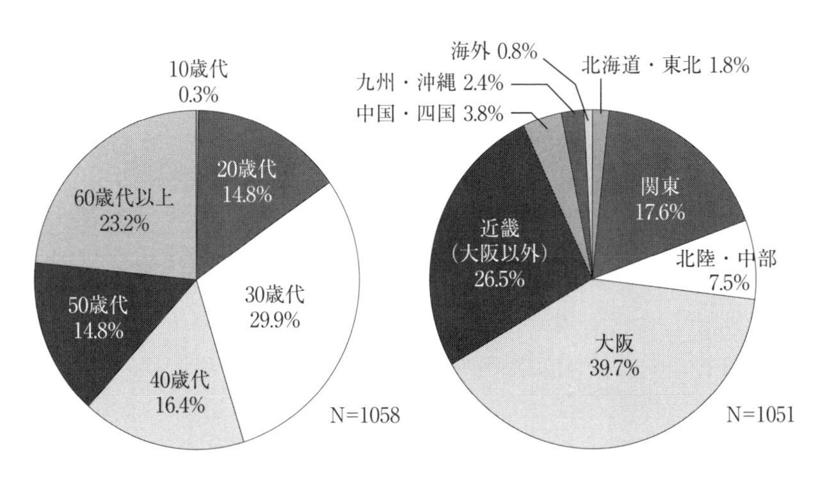

図4-7　世代別の移住割合事業

資料：和歌山県資料により作成。

図4-8　地域別の移住割合（前住所地）

資料：和歌山県資料により作成。

は逆の流れをみることができる。
県は移住者を受け入れる市町村や地域の情報を東京都、大阪市、和歌山市の「わかやま定住サポートセンター」において都市住民に提供し、移住希望者の相談に対応している。また「仕事」「住まい」「暮らし」の視点から、起業や就農、継業の支援、空き家バンクの創設や空き家の改修支援、若者には生活支援を行うとともに、市町村や受入協議会と連携して都市部で移住相談やセミナーを、県内農村部では現地体験会を開催している。さらに、県南部の古座川町にある「ふるさと定住センター」では田舎暮らしの体験研修が行われている。

２．和歌山県紀美野町「きみの定住を支援する会」の移住支援

和歌山県紀美野町は、2006年に旧野上町と旧美里町の２町が合併してできた町で、東西に長く町面積の約75％を森林が占める。町の中心を東西に国道370号（旧龍神街道、通称：高野西街道）が通じ、古くは四国から高野山に向かう人の往来があり、明治以降の産業化の時代には、当地から県都である和歌山市や隣接する海南市に向け、米や農産品、棕櫚（しゅろ）などの物流が増加した。地域では棕櫚産業が栄え、ロープ、日用雑貨が生産されたが、現在では、材質が棕櫚から化学繊維に代わり、町内の生産者は減少している。また、農業は、棚田で米作が行われ、山の斜面地で柿、みかん、梅、山椒などの栽培が行われている。隣接する海南市や和歌山市へ働きに出る者も多い。
紀美野町の人口は、1980年から2015年の35年間で15,625人から9,206人と３分の２以下に減少し、高齢人口比率も34.2％（2006年）から42.6％（2016年）に10年間で8.4ポイント上昇している。このような人口減少や高齢者の増加により空き家も増え、2014年には町内各所に830件の空き家が確認されている。
紀美野町では、このような過疎化や高齢化に対応するため、早い時期から移住支援の取組みがはじめられた。2006年、紀美野町は、和歌山県が農山村の活性化を目的に開始した「田舎暮らし支援事業」に呼応し、従来の有志に

表 4-5　「きみの定住を支援する会」の概要

中間支援組織	特定非営利活動法人　きみの定住を支援する会
事務局	紀美野町役場美里支所内
設　立	2006 年 7 月
組織構成	代表者：移住者 会員：57 人（地元住民、移住者等）
活動内容	（行政）移住支援担当職員：移住相談、現地案内、短期滞在施設運営 移住後の定住に向けた見守りや相談対応 移住者交流会の開催、事業全体のコーディネート 地域おこし協力隊：情報発信、空き家測量・調査
	（移住者）都市部のセミナーや現地体験会で先輩移住者としてアドバイス、 ワークショップ・農林商工まつり・交流会への参加
移住者数	82 世帯、183 人

資料：紀美野町、きみの定住を支援する会へのヒアリング（2016 年 10 月～12 月実施）及び関係資料により作成。

表 4-6　「きみの定住を支援する会」の取組み

年	活　動　内　容
2006 年 6 月	和歌山県「和歌山田舎暮らし」モデル地区の指定を受ける
2006 年 6 月	Ｉターン者用定住促進住宅（短期滞在用）を整備
2006 年 7 月	「きみの定住を支援する会」発足
2007 年 3 月	田舎暮らし体験ツアー実施
2008 年 7 月	第 1 回空き家調査及び地域説明会を実施（和歌山大学と連携）
2009 年 3 月	「田舎で働き隊」受入れを開始
2009 年 6 月	わかやま田舎暮らしフェア大阪出展を開始
2010 年 1 月	ＮＰＯ法人「きみの定住を支援する会」設立
2010 年 1 月	「きみのの家を直す講習会」を実施
2010 年 5 月	移住支援にかかる地域説明会を開始
2011 年 7 月	第 2 回空き家調査及び地域説明会を実施
2012 年 8 月	「集落支援員」、「地域おこし協力隊」受入れを開始
2012 年 11 月	生活体験施設「木一」で古民家再生ワークショップを実施
2014 年 2 月	紀美野町で「きのくに移住者大交流会」を開催
2014 年 2 月	わかやま田舎暮らし現地体験会を開始
2014 年 6 月	わかやま田舎暮らしセミナー東京出展を開始
2014 年 7 月	第 3 回空き家調査及び地域説明会を実施
2015 年 3 月～	和歌山暮らし相談会（東京、大阪）、現地体験会を開催

資料：紀美野町、きみの定住を支援する会へのヒアリング（2016 年 10 月～12 月実施）及び関係資料により作成。

よる支援活動を事業化した。町は美里支所（旧美里町役場）に移住担当職員を配置し、移住支援の中間支援機能を担う組織「きみの定住を支援する会」が発足、行政と協力して移住者を増やす取組みを行っている（**表4-5**、**表4-6**）。

紀美野町の棚田の風景

移住者が運営する古民家カフェ

きみの定住を支援する会には役場の担当者や地域おこし協力隊、集落支援員もメンバーに加わり、運営は行政主導で行われている。役場の担当者や地域おこし協力隊が事業全体のコーディネートを行い、会のメンバーである移住者は移住希望者に地域の環境や風習についてアドバイスする。

紀美野町における移住支援は、移住希望者に地域の暮らしを理解して移住してもらうために、すぐに空き家を紹介することはせず、何度も現地を訪問することをすすめ、きみの定住を支援する会のメンバーが地域の環境や生活をよく伝えたうえで宅地建物取引の専門家を介して空き家情報を提供している。そして、移住が決まれば、地区の区長などに世話役を依頼し、移住後の暮らしの相談に乗ってもらうようにしている。一方、住民に対しても、地域説明会を開き、空き家の提供や移住者受入れへの理解や協力を呼びかけている。きみの定住を支援する会のこのようなきめ細かな支援を受けて2018年３月までに紀美野町に移住した者は、82世帯183人を数える。

紀美野町に移住した人たちは、それぞれの地域で多彩に暮らしている。農業や「農」的な暮らしを希望する移住者が多いが、自ら手に職を持ち、また地元の食材など地域の資源を生かして起業する者も増えている。

３.「ＵＩターン移住者」の実態と意識ーアンケート調査からー

2016年10月、紀美野町において移住者の実態、移住前後の生活や意識変化、地域住民とのつながり等についてアンケート調査を実施した。対象者は紀美野町における過去５年間（2011年11月から2016年10月まで）の移住者と、それ以前（2006年６月から2011年10月まで）に町やきみの定住を支援する会から支援を受けた移住者で、世帯主及び18歳以上の世帯員にアンケートによる質問を行った。アンケート用紙は264枚を配布し、郵送のほか対面で138枚を回収した（回収率：52.3％）。

アンケート回答者の属性は**表4-7**のとおりである。回答者の性別は、男性が約６割、女性が約４割で男性の割合が少し高い。年齢は、50歳未満が約６割、50歳以上が約４割で若い世代の割合が少し高い。移住後の居住年数では、５年未満居住者が約７割、５年以上10年以下の居住者が約３割で居住年数の少ない移住者の割合が高い。移住形態では、Ｉターン者（二地域居住を含む。以下同じ）が約７割、Uターン者が約３割でＩターン者の割合が高い。最後に、移住支援の有無では、支援を受けた者、受けなかった者がそれぞれ約５割になっている。

Ｉターン者に注目して年齢や移住後の居住年数を見ると、50歳未満、50歳

表 4-7　アンケート回答者の属性

項目	回答数	項目別の割合
(1) 性別	138	男性：58.7%、女性：41.3%
(2) 年齢	136	50 歳未満：58.1% （20 歳代：6.6%、30 歳代 22.1%、40 歳代：29.4%） 50 歳以上：41.9% （50 歳代：13.2%、60 歳代 19.9%、70 歳以上：8.8%）
(3) 移住形態	138	Ｉターン：68.8% （Ｉターン：60.1%、二地域居住：8.7%） Uターン：31.2%
(4) 移住後の居住年数	137	5 年未満：71.5% （1 年未満：19.7%、1～3 年未満：28.5%、 3~5 年未満：23.4%） 5 年以上：28.5% （5～10 年未満 16.1%、10 年以上：12.4%）
(5) 移住支援の有無	138	支援を受けた：52.2% 支援を受けなかった：47.8%

資料：アンケート結果により作成
注：「無回答」は除いているため、各項目の回答数は一致しない。

以上がそれぞれ約５割、移住後５年未満が約６割、支援を受けた移住者が約６割という内訳である。

また、紀美野町における移住者の居住分布をみると、和歌山市や海南市等の県都市部に近い地区への居住が特に多いというわけでなく、移住者は町内全域に分布している。

50歳未満の回答者が移住を考え始めたきっかけは、上位から「自然豊かなところに住みたい」(29.1%)、「自分には田舎暮らしが合っている」(27.8%)、「子育て環境に適する」(15.2%）である。

次に、移住前の住所地をUターン、Ｉターンそれぞれにみると、「和歌山県内他市町村」がUターン者では51.2%、Ｉターン者では36.8%で、それぞれ最も高く、次に、Ｉターン者では「大阪府」が28.4%、Uターン者では「大阪府以外の近畿」が18.6%と続く。また、ＵＩターン全体では、近畿圏からの移住者が約８割と高い。これは、紀美野町の立地場所が和歌山市などの県内都市部に近接しており、高速道路を利用して大阪府へもアクセスが良いことが要因であると考えられる。

また、移住後の世帯構成では、Uターン者は「親子」が60.5%と最も高い。Ｉターン者では「夫婦のみ」が41.1%で最も高く、次に「親子」が35.8%、また、「ひとり暮らし」も20.0%ある。ＵＩターンそれぞれの年齢をみると、50歳未満がUターン者で約７割、Ｉターン者で約５割あり、子育て世代等の比較的若い世代が移住している。

また、住まいの所有形態では、ＵＩターンそれぞれに特徴がある。Uターン者では「親や祖父母の家に同居」が65.1%で最も高い。一方、Ｉターン者では「中古住宅の賃貸」が36.8%と最も高く、次に「中古住宅の購入」が17.9%と続く。賃貸と購入を合わせ、中古住宅への居住は半数を超えており、地域に増加する空き家が活用されている。また、Ｉターン者の賃貸住宅の利用は、中古住宅と公営住宅を合わせて49.5%あり、初期費用を抑えて移住している様子がうかがえる。

次に、移住前後の仕事を複数回答でたずねたところ、移住前は「会社員」

が43.5％で最も高く、移住後は、移住前より減少しているものの「会社員」が22.5％で最も高い。続いて、「年金生活者」18.1％、「パート・アルバイト等」17.4％で、「会社員」、「パート・アルバイト等」を合わせて、企業等で雇用されている者が約４割を占める。また、自営業・個人事業は15.9％、農林水産業は11.6％で、約３割の移住者が事業を行っているが、農業など仕事をしながら年金生活を送っている者もおり、農林水産業を主たる職業として生活している者は7.2％と少ない。

また、自営業、個人事業の内容は、古民家レストラン経営、パン製造、家具職人、建築士、大工、イラストレーター、棕櫚箒（しゅろぼうき）職人、緑花木や野菜の生産、農家民泊の経営等で、移住者は地域でさまざまな仕事をして暮らしている。

移住者の地域の風習やしきたりについての意識は**表4-8**のとおりである。

移住者に地域の風習やしきたりについて複数回答でたずねたところ、「地域に馴染むために合わせていこうと思う」という回答が最も多く、Ｉターン者は48.9％、支援を受けた者では52.2％、５年以上居住者では51.4％と高い。

表4-8　風習やしきたりに対する意識

項　目	Ｉターン N=88	Ｕターン N=41	検定	支援あり N=69	支援なし N=61	検定	5年以上居住 N=36	5年未満居住 N=87	検定
地域に馴染むために合わせていこうと思う	48.9%	29.3%	**	52.2%	31.1%	**	51.4%	37.6%	
どのような風習やしきたりがあるのかよくわからない	38.6%	24.4%		42.0%	24.6%	**	21.6%	38.7%	*
知らないことが多く、教えてほしい	28.4%	31.7%		30.4%	27.9%		24.3%	31.2%	
住民皆で受け継いでいかなくてはならない	28.4%	22.0%		23.2%	29.5%		48.6%	17.2%	***
もっと合理的にやると良いと思う	11.4%	9.8%		7.2%	14.8%		13.5%	9.7%	
風習やしきたりが多いと感じる	10.2%	9.8%		8.7%	11.5%		8.1%	10.8%	
自分の生活には必要ない	4.5%	7.3%		2.9%	8.2%		0%	7.5%	*

資料：アンケート調査結果により作成
注：χ^2検定　***、**、* はそれぞれ有意水準1%、5%、10%を示す。

表 4-9　暮らしや地域、定住に対する意識

項　目	Ｉターン N=95	Ｕターン N=43	検定	支援あり N=72	支援なし N=66	検定	5年以上居住 N=98	5年未満居住 N=39	検定
暮らしの満足度（満足・やや満足）	73.9%	52.4%	**	85.9%	46.0%	***	82.1%	60.6%	**
地域行事（積極的に参加・ときどき参加）	84.3%	61.9%	***	89.9%	62.9%	***	86.1%	73.4%	
集落の人とのつながり（農産物のおすそ分けなど生活面の協力）	58.4%	30.8%	***	58.6%	39.7%	**	65.8%	42.7%	**
地域への愛着（とても感じる・やや感じる）	77.8%	64.3%		78.6%	67.7%		74.4%	72.8%	
地域への定住（定住するつもり）	78.9%	58.5%	**	81.4%	62.3%	**	73.7%	71.7%	

資料：アンケート調査結果により作成。
注：1）χ^2検定　***、**、* はそれぞれ有意水準1%、5%、10%を示す。
　　2）「N」の数値は「Ｉターン」、「Ｕターン」、「支援あり」、「支援なし」、「5年以上居住」、「5年未満居住」それぞれの全数であり、各項目の割合には「その他」及び「無回答」は含まない。

これは、きみの定住を支援する会から移住時に説明を受け、さらに地域の風習やしきたりに接しながら長年住み続けることで理解が進んだものと考えられる。特に、５年以上居住者では、「住民皆で受け継いでいかなくてはならない」が48.6％ある。

また、「どのような風習やしきたりがあるかよくわからない」は、支援を受けた者で42.0％、５年未満居住者で38.7％あり、移住時の説明だけでは不十分で、移住者自身が地域の風習やしきたりに直に触れ、生活する必要があることがうかがえる。また、５年以上居住し風習やしきたりを自ら踏襲する中で、もっと合理的にすると良いと考える者もいる。

次に、暮らしや地域、定住に対する意識については**表4-9**のとおりである。

暮らしの満足度、地域行事への参加、集落の人とのつながり、地域への愛着、地域への定住意向についてたずねた項目に対する肯定的、積極的な回答は、Ｉターン者、支援を受けた者、５年以上居住者で高い割合を示している。

統計的には、暮らしの満足度で「満足」、「やや満足」と回答した割合が、支援を受けた者で１％、Ｉターン者と５年以上居住者でそれぞれ５％の有意を示している。また、地域行事に対し、「積極的に参加している」、「ときど

表4-10　移住者が定住し続けるための支援として望むこと

項　　目	Ｉターン N=89	Ｕターン N=41	検定
空き家など住居情報の提供	52.8%	46.3%	
日雇い・アルバイト等のしごと情報の提供	36.0%	22.0%	
ハローワークなどの求人情報の提供	31.5%	39.0%	
移住者と地元住民の交流促進	30.3%	19.5%	
移住者同士の交流の場づくり	28.1%	14.6%	
買い物対策	28.1%	41.5%	
起業（農業以外）の支援	23.6%	31.7%	
医療機関への交通手段	23.6%	39.0%	*
地域住民への移住推進の理解醸成	23.6%	7.3%	**
農業の研修会	19.1%	22.0%	
住居改修のワークショップ	19.1%	4.9%	**
子供へのふるさと教育	19.1%	17.1%	
水道や道路などの社会インフラの整備	15.7%	41.5%	***

資料：アンケート調査結果により作成。
注）χ^2検定　***、**、* はそれぞれ有意水準 1%、5%、10%を示す。

き参加している」と回答した割合が、Ｉターン者と支援を受けた者でそれぞれ１％の有意を示している。また、集落の人とのつながりについて、「農産物のおすそ分けなど生活面で協力している」と回答した割合が、Ｉターン者で１％、支援を受けた者、５年以上居住者でそれぞれ５％の有意を示している。また、地域への定住について、「定住するつもりである」と回答した割合が、Ｉターン者と支援を受けた者でそれぞれ５％の有意を示している。

最後に、移住者が定住し続けるための支援として望むことについて複数回答でたずねた調査結果は**表4-10**のとおりである。

ＵＩターン者とも「空き家など住居情報の提供」との回答が最も高く、Ｉターン者で52.8％、Ｕターン者で46.3％ある。また、Ｉターン者では「日雇い・アルバイト等のしごと情報の提供」が36.0％あり、仕事の選択の幅が少ない農村で、ひとつの仕事にこだわらずに複数の仕事から生活の糧を得ればよいと考えていることがうかがえる。

一方、Ｕターン者では「買い物対策」と「水道や道路などの社会インフラの整備」がそれぞれ41.5％あり、ハローワーク情報も39.0％が求めている。

また、統計的には、Uターン者の回答割合では「水道や道路などの社会インフラの整備」が１％、「医療機関への交通手段」が10％の有意を示し、Ｉターン者の回答割合では「住居改修のワークショップ」及び「地域住民への移住推進の理解醸成」がそれぞれ５％の有意を示している。

以上のアンケート調査の結果、支援の有無、移住後の居住年数により地域に対する意識に濃淡が見られた。移住に際し支援を受けた者、地域に長く居住している者の方が「地域の風習やしきたり」を継承することについて理解があり、「暮らしの満足度」が高く、「集落の人との生活面の協力」や「定住」の意向が強い。また、「地域行事への参加」意向は、長く居住している者の方が強い。

一方、移住者は、定住し続けるために「仕事」「住まい」「暮らし」の面で支援を求めており、特に、Ｉターン者は住居や地元住民との関係に重点を置いているのに対し、Uターン者は生活インフラへの関心が高い。

４．まとめ―農村移住支援事業における中間支援機能―

きみの定住を支援する会の移住促進における中間支援機能について、行政と地域住民の間における支援及び移住者と地域住民との間における支援の複眼的な視点で、それぞれ農村の内部において（内向き）、また農村の外部に対して（外向き）の機能をまとめる（**表4-11**）。

移住支援の中間支援機能における行政の役割として、「取組みの安定」、「外向」、「内向き」の信用力をあげることができる。

行政が事務局を担うことにより、いつでも移住希望者や地元住民からの相談に対応できる体勢ができ、取組みの安定につながるものと考えられる。

次に、信用力については、まず、「外向き」に、移住希望者に対し、行政のワンストップの移住相談窓口や行政からの移住に関する情報は信用力がある。また「内向き」には、地域住民は行政が行う移住促進の取組みに対し協力的である。紀美野町では、役場の担当者や地域おこし協力隊等がさまざまな移住支援の活動を行い、住民の理解や空き家提供等の協力を促している。

表 4-11 農村移住受入れにおける中間支援機能

中間支援機能の担い手	内向き（農村）	外向き（都市住民）
行政（事務局）	①対内的な信用力 ・住民の活動への理解、空き家提供 ②安定した取組みの確保 ・事務局を行政内部に設置	①対外的な信用力 ・移住希望者の安心感、情報の信頼 ②相談窓口の常設 ・移住希望者がいつでも相談できる体制を確保
移住者（メンバー）	①地域の担い手として移住受入の好循環 ・消防団、祭り・行事等への参加 ②内部能力の開発 ・外部の視点を入れ住民の気づき	①移住希望者と地域との橋渡し ・セミナー等で先輩移住者としてアドバイス ②ニーズに対応した取組み ・移住者自身の体験を生かした取組み

資料：筆者作成。

受入協議会に行政が加わることで移住支援に対する住民理解が促され、地元協力が進んだものと考えられる。

さらに、移住者の就業先確保の面でも行政の役割が期待されるところである。2014年から、ハローワークの求人情報が希望する自治体に提供されている。今後、移住の中間支援機能を担う組織を介し、行政が地元企業の求人情報を提供することで、若年の移住希望者への就業支援が充実されていくものと考えられる。

一方、移住の中間支援機能における移住者の役割としては、地元住民への「鏡効果」、外部の視点による「内部能力の開発」、「内発的発展」の推進をあげることができる。

中間支援機能を担う組織の持続した取組みを通して、移住者の受入れに対する地元住民の理解が進むものと考え、農村に定住することで、理解が進み、農村の内部人材となった移住者は、地域の内発的発展においても一定の役割を担うことが期待される。

補論　和歌山県那智勝浦町色川地域における40年続く移住支援の取組み

那智勝浦町色川地域は、紀伊半島の南東部に位置し、世界遺産に指定された「紀伊山地の霊場と参詣道」の一部である「那智の滝」から西の方角にある山村で、９つの集落から成っている。地域の住民は古くから林業に携わり、山の斜面の棚田で米作りを行ってきた。また、地域には鉱山を有し、銅の採掘が行われた。戦後、鉱山の隆盛とともに全国から鉱業従事者などが流入し、色川地域の人口は、1950年には約3,000人に増加した。最盛期には、地域に映画館や商店ができて賑わったと言われる。しかし、1972年の鉱山の閉山や地域の主要産業である林業の不振により、山村の雇用が減ると色川地域の人口は急速に減少した。

色川地域における移住者の受入れは、1977年、有機農業を志す都市住民のグループ「耕人舎」を農村社会に受け入れたのをきっかけに始まった。耕人舎の活動の初期を知る移住者が「農地は代々農家が守り続けていくものだという時代に移住者の受入れを決断したのだからまさに驚きだ。（中略）地域の有志の方たちの苦労には想像をはるかに超えるものがあったにちがいない。」[3)] と語るように、地域の住民は、過疎化、高齢化に危機感を抱き、耕

色川地域の風景

「色川茶」の茶畑

人舎の移住を支援したが、保守的だとされる農村社会に、農村の営みに直結する農業者を受け入れるのは容易なことではなかったと想像される。耕人舎は都市部から有機農業や田舎暮らしを希望する若者を実習生として受け入れ、実習後、地域に定住する者が増加していった。彼らは新しい実習生のロールモデルとなり、移住者が新しい移住者を呼ぶ好循環が生まれた。現在、色川地域の農業は、無農薬、無化学肥料による有機農業による野菜栽培などを主流に、平飼い養鶏卵、茶、コメなどの複合農業の形態をとり、近隣の消費者に安全・安心な農作物として認知されるようになり、販路を広げている。

耕人舎による定住促進の取組は、1991年に設立した「色川地域振興推進委員会」（以下、委員会という。）に引き継がれ、地域全体の取組へと発展していった。委員会の移住支援は、有機農業実習生の受入れで培ってきた「定住支援プログラム」により行われた。2006年に県の田舎暮らし支援事業のしくみに加わってからは、移住希望者から役場のワンストップ・パーソンを通じて委員会に連絡が入り、委員会の定住促進班がサポートする。移住希望者は、第１段階では田舎暮らし体験（２泊３日）、第２段階では短期の移住体験（先輩移住者等を１日３家族、滞在中に全地区の15家族を訪問し、暮らしや地域における仕事を観察）、第３段階では仮定住（実際に色川地区で生活）し、移住する決心がつけば、町の宿泊研修施設「籠ふるさと塾」を拠点に最長１年をかけて住居や仕事を探すことにしている。このような段階的な移住支援により、移住者の理想と現実のギャップを低減するとともに、移住者と住民がお互い顔見知りになる機会をつくり、移住後の円滑な定住に役立っている。

委員会は実質的に地域の自治組織として機能している。委員は、色川地域にある９地区（集落）の区長とそれぞれの地区で選ばれた者、委員会から入会を要請した者、そして役場の職員を含め事務局２名の合計26人で構成されており、委員のうち19人が移住者となっている（**図補-1**）。これは、地域に移住者が増え、人口減少や高齢化が進む集落に移住者の存在が欠かせなくなっていることを示しているが、移住者受入れの長い歴史のなかで、移住者

地区	委員（区長）	委員					
色川1	A（副会長）	B	C				
色川2	D	E（定住班副班長）	F				
色川3	G	H（会長）	I	J	K（会計）	L	M
色川4	N	O	P（副会長）	Q（定住班班長）	R		
色川5	S（監事）						
色川6	T	U（外部対応班班長）					
色川7	V（監事）						
色川8	W						
色川9	X						
事務局	Y（役場職員）	Z					

図補-1　色川地域振興推進委員会のメンバー（2020.4 現在）

資料：委員会資料及び聞き取りにより作成。下線があるのは移住者。

と地元の住民がお互いに「配慮」や「斟酌」し、信頼関係を築いてきたことによるところが大きい。移住者の中には、区長に就任し、地域のリーダーとして活動に加わる者、消防団員、青年会等の地区の役員を務める者など、地域活動に積極的に参加、協力する者も多い。

委員会の主な活動は定住促進班が取り組む移住支援であり、移住者の相談を受け、地域の住民に橋渡しをする中間支援を行い、地域づくりの活動においても行政と地域の間で中間支援を行い、住民の取組みを後押ししてきた。籠ふるさと塾などの町営施設の管理、運営を行い、都市農村交流や定住促進の事業を行ってきた。また、委員会は過疎集落の活性化に向け、農村内部において、地域の現況をまとめて「色川だより」を発行し、地域の住民や転出した住民に届けるとともに、転出者が自らの田畑へ植林することで課題になった地域の山林化の現象を防止し鳥獣害を減らすために、所有者の了解を

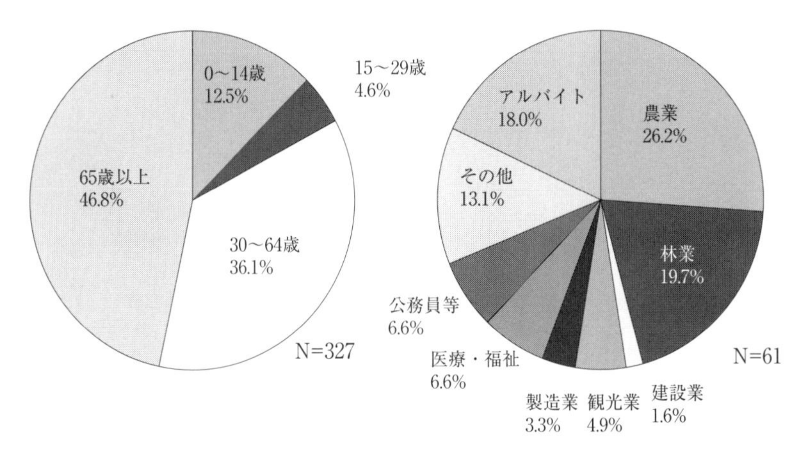

図補-2　色川地域年代別人口
（2020.4現在）

資料：委員会資料により作成。

図補-3　移住者の就業状況
（2020.4現在）

資料：委員会資料により作成。

得て木を切り環境保全を行う「色川を明るくする会」の活動、むらの暮らしの知恵や技術を受け継ぐ人材の育成を行う「色川百姓養成塾」など、住民が行うさまざまな地域活動の支援を行っている。

委員会は２カ月に１度、役員会と全委員出席の会合を開き、移住支援の状況や空き家の現状、また、地域内のさまざまな活動について報告し、情報の共有や意見交換を行っている。現在、委員会の会長には地元の住民が就任し、自ら空き家や農地を確保し、移住者に貸している。「移住者は地域で生活するのに精一杯なのだから、文化や伝統を引き継いでもらうなどという大きなことは求めない。地区の作業への『出役』や『隣近所と仲良く』し、今のこの地域（の暮らし）が続いてくれればよい。」と語る。2018年４月の色川地域の人口は327人まで減少し、人口は引き続き微減傾向である。地域の人口減少にともない移住者は全人口の約半数を占め、移住者により若い世代も一定数存在している（**図補-2**）。移住者は過疎化、高齢化が深まる地域の存続に大きな意味を持っている。また、移住者の就業状況をみると、有機農業への就業だけでなく、自ら地域で起業することも含めて仕事をさまざまに求め（**図補-3**）、暮らしぶりは多様化している。移住者の生活の多様化にともない、農村社会と関わる度合いも人や仕事によって違ってくるだろうと考える

那智勝浦町立色川小中学校

2016年９月、地域に新しく色川小中学校の校舎が完成した。旧校舎の老朽化により建て替えられたものだが、町は近隣の小中学校への統合ではなく、地域に学校を存続させた。移住者の受入れを長く続けてきた色川地域だからこそ、町は今後も移住者の子弟により児童生徒数が確保されると判断した。紀州材を使った教室では、20名を超える子ども達が学んでいる。

注

１）自治省過疎対策管理官室「過疎地域の現状と対策」1972年３月、p.265参照。
２）大西（2018）pp.67～68参照。
３）小田切・筒井編著（2016）p.46参照

終章　地域の持続的な発展に資する都市農村交流事業の中間支援機能と今後の課題

都市農村交流が都市住民のニーズや時代画期に対応して交流の質が変化し、中間支援の機能を持つ団体が農村に生じたことを論じてきた。

都市農村交流の当初の取組みは都市住民の「食」に関するニーズに対応し、「モノ」を介した都市農村交流事業が中心であった。農家が自家で採れた農産物やその農産物を使って副菜などに加工したものを庭先で直接販売した。個々の農家は農産物の直売や農産加工を行い、「モノ」を介した小規模な交流を行った。その後、西欧からグリーンツーリズムが導入されると、農家民泊や農業体験などで都市住民を受け入れる「人」の交流が始まった。さらに、これらの個々農家による「モノ」や「人」の都市農村交流は、過疎化や高齢化が進む農村の振興策として、地域コミュニティとしての取組みへと交流の質が変化していった。農家や地域の関係者が集合して組織された協議会や団体が地域の経営体として農産物直売所や宿泊施設の運営、農家民泊、農業体験の受入れ、市民農園の経営などを組み合わせて都市農村交流の複合経営を行うグリーンツーリズムの受入れは、都市農村交流コミュニティビジネスへと発展していった。地域づくりを目的に取り組むこのようなコミュニティビジネスは、行政の農業・農村振興施策の支援対象になっていった。

また、農村移住や二地域居住についても都市農村交流の一つの形態であり、都市住民のニーズは「田園回帰」として増加傾向にある。初期の農村移住支援の取組みは行政主導により行われた。第一次産業への就業研修や就職支援をＵＩターン希望者に拡大して実施し、地元住民とともに定住施策の一環で、移住支援が行われた。また、農村では過疎化や高齢化による地域の活力低下や集落の維持に危機感を抱いた住民が立ち上がり、地域の有志による民間主導の移住支援の取組みもみられた。このような住民の意図と行政施策の目的が合致し、「都市住民（農村外部の人材）を農村移住により地域のサポート人材として農村内部に呼び込む」ことを目的に官民協働の移住支援が行われた。移住支援を行う団体は、都市住民と地域を取り持ち、中間支援機能を担っている。国も「過疎地域対策」、「都市と農村の共生・対流」の推進、「地方創生政策」などの施策により、農村移住の支援事業をバックアップした。

本書では都市農村交流の時代画期を４期に区分した。第１期は1970年代半ばまでの高度成長期で、都市住民が「癒し・やすらぎ」を求め、農村に自然休養村や観光農園が整備された時代で都市農村交流の前史〜発現期と捉えた。第２期は1970年代半ばのオイルショックから1980年代までの低成長期、そしてバブル経済形成期にかかる時代を区分し、都市農村交流事業の初動期と捉えた。農家の多角経営や副業、また地産地消など「モノ」を介した都市農村交流に取り組んだ時代である。第３期は1990年代から2000年代までのバブル経済期・ポストバブル期で、「人」の交流が拡大し、個々農家の取組みが日本型グリーンツーリズムによる「地域」の取組みへと変容した。また、地域の過疎化・高齢化が問題となる中で、地域づくりを目的に農村移住を支援する官民協働の動きが生まれた。都市農村交流の質が変化し、地域に中間支援機能を担う団体が現れた。この時期を都市農村交流の拡大・発展期と捉えた。第４期は2009年のリーマンショックや2011年の東日本大震災を発端として2010年代以降を都市農村交流の新展開期と捉えた。田園回帰の動きやインバウンド観光、農業の六次産業化もあり、多様な都市農村交流が広がっている。最近ではワーケーションという働き方も現れている。

1990年代以降の都市農村交流の発展・拡大期に、農村において地域づくりとして取り組む都市農村交流事業が広まり中間支援機能が出現した。コミュニティビジネスにおける地域の経営体は、行政による農村振興や過疎地域対策の支援を受け、行政と地域住民との中間にあって行政の農村振興にかかる支援を受けるとともに、都市住民と農家等地域住民の間にあって都市住民のグリーンツーリズムを受入れ、また、農村内部では多様な農家の結節点となり、交流事業の複合経営を行った。このように、地域の経営体は都市農村交流コミュニティビジネスにおいて、行政や農家等に対し複層的な「中間支援機能」を担った。

また、農村移住支援については、初期には「山村留学」や「農林業研修」受入れなど、過疎地域対策や農業・農村の振興策として行政が主導して進めてきたが、2000年代になると農村では過疎化や高齢化により活気がなくなってきた地域を何とかしようと、内発的に地域づくりに取り組む住民の動きが現れてきた。社会的にも経済や人口の東京一極集中の流れのなかで、都市と農村の分離・対立が問題になった。全国的にも都市と農村の共生・対流をめざして全国組織ができるなど、農村移住支援の動きが高まっていった。過疎化・高齢化の深まりや市町村合併により行政との距離が遠くなっていく地域の現状に危機感を抱いた住民は、行政による働きかけもあり、外部から人を呼び込み、地域の活性化につなげようと団体を組織し、移住支援に乗り出した。移住支援団体は、行政と一体的に、また都市住民と地域住民の中間にあって都市住民の農村移住や定住の橋渡しを行い、複層的な「中間支援機能」を担った。

都市農村交流事業を行政との関係や農村との関係でみるとコミュニティビジネス関連と農村移住関連のグループに分類できる。これを都市農村交流の大きな２つの特性と捉え、本書では、都市農村交流コミュニティビジネスにおける地域の経営体と農村移住における支援団体それぞれの中間支援機能を和歌山県の事例を取り上げ考察した。

都市農村交流コミュニティビジネスの事例として取り上げた田辺市の秋津野ガルテンは、（株）秋津野が都市住民の宿泊施設、農家レストラン、加工品直売所などの交流拠点を整備、運営し、農家民泊、農業・加工体験、農業研修、オーナー制度、市民農園の都市農村交流事業の複合経営を行っている。事業の実施について地域の合意形成を行い、都市部のニーズを受けて、地域の多様な農家をつなぎ、都市農村交流に参画させている。また、農家レストランや加工所では地元のお母さんや若い女性が地元でできた農作物を使って地産地消の料理や加工品を提供している。雇用にかかる賃金や農作物の収入が地域に循環し、「地域内再投資」が強いコミュニティビジネスが行われている。（株）秋津野は、事業を開始してから10年が経過した。取組みを継続し、事業を拡大することにより信用力が増し、地域内外からの資金調達力が向上した。

また、（株）秋津野の中間支援機能として内向きと外向きの機能があり、内向きには①地域の合意形成、②農家の農業経営の多角化を牽引、③内部能力の開発、外向きには①都市住民を受け入れる交流拠点の創出、②効果的な情報発信であり、さらに行政の支援対象となっている。

また、都市住民の農村移住受入れの事例として取り上げた和歌山県紀美野町における移住支援団体である、きみの定住を支援する会は、行政と地域住民が一体となり移住支援を行っている。移住希望者の「仕事」「住まい」「暮らし」のニーズに対応し、行政のワンストップ・パーソンときみの定住を支援する会が協働して、都市住民の移住・定住につなげている。移住支援の中間支援機能において、きみの定住を支援する会のメンバーである行政と移住者は、それぞれ「内向き」と「外向き」の機能を有しており、行政は特に信用力において、また移住者は移住希望者である都市住民と地域住民を取り結ぶ橋渡し役として機能を果たしている。さらに、中間支援の継続は、移住者の定住に有効であり、移住者と地元住民の相互理解にも役割を果たしている。那智勝浦町色川地域のように移住支援事業を長く継続するためには、行政だけが主体的に取り組むのではなく、住民が内発的に主体性をもって取り組むことが重要であると考える。

地域の持続的な発展に向け、都市農村交流事業を地域づくりの視点で捉えると、中間支援機能の意義について次のとおりまとめることができる。

第１に、農村の内向き、外向きに複層的な中間支援機能を担っていることである。地域の経営体や移住支援団体は、外向きに都市住民と地域をつなぎ、内向きには地域の合意形成や理解醸成を行うとともに、地域の農家や事業者など多様なステークホルダー同士をつなぎ事業に参画させている。行政との関係においては、農家や地域住民と都市住民や移住者の間を取り結ぶ中間支援機能こそが支援対象であり、また移住支援においては一体的に事業を行うパートナーとなっている。

第２に、都市農村交流事業の複合経営により地域内再投資力が創出されることである。地域の経営体が、農家や農家のお母さん、事業者など多様なステークホルダーを事業に参画させることで農業経営の多角化を牽引するとともに、交流事業の複合経営により多様な地域内の産業連関が創出され、地域内再投資力のあるコミュニティビジネスが生まれる。

第３に、人材育成機能を有することである。行政と一体となった移住支援事業では地域おこし協力隊を事業に参画させ、活動の場を提供するとともに、地域での定住を試行する期間を提供している。また、秋津野ガルテンにおける「地域づくり学校」には、学生や地元の農家、学び直しを求めて社会人が参加する。外部人材を含めた人材育成の場を提供することで、「地域の応援団」として関係人口の創出につながっている。

本書では、都市農村交流を地域づくりとの関係で考察し、行政及び農村社会との関係において分類したコミュニティビジネスと農村移住支援事業における中間支援機能の分析を行った。本研究において都市農村交流事業の特性をふまえた中間支援機能を把握することができたと考えるが、近年、「田園回帰」の機運が高まり、「向都離村」と称されるこれまでの農村から都市への人口移動とは逆方向の現象が生じている。都市住民は、農村に自然の安らぎや安全・安心な食を求めるだけでなく、人と人との絆や過疎地域での地域貢献に価値や使命を見出し、また生産の場としての農村に新しい可能性に期待し、さまざまな目的を持って農村に向かいはじめている。グリーンツーリズムについても、従来の都市住民の農村での滞在や交流・体験活動から、子どもの体験学習、企業の研修事業、また、最近では外国人旅行客の農村観光の受け入れが増加している。さらに農村の過疎化が深まる中で、農村ボランティアや農村ワーキングホリデーなどの地域貢献活動を持続可能なものとして受け入れる都市住民との関係づくりが求められる。

また、移住希望者のニーズは多様化している。ふるさと回帰支援センターが行ったアンケート結果をみると、希望する就労形態（2018年調査、複数回答）は、１位「就労（企業等）」（71.1%）、２位「農業」（14.2%）、３位「自営業（新規）」（12.7%）の順である。地方へ移住したいという若者は、農村において農業や田舎暮らしを希望するだけでなく、企業等への就労など多様な仕事や暮らしのニーズがある。本書の事例で取り上げた和歌山県紀美野町や那智勝浦町色川地域の事例をみても、移住者は農林業など一次産業以外にも自ら起業する者や企業に就職する者など、地域でさまざまな職業に就いて暮らしている。移住者の暮らしの多様化は、地域社会との関係にもかかわってくる。農村の住民は、集落の維持や地域づくりを目的に移住支援の取組みをはじめ、移住者が地域社会と深くかかわって暮らすことを期待していたが、移住支援の目的を今一度問い直すことが必要な時期に来ているのではないだろうか。

また、新しいタイプの都市農村交流の萌芽も見えてきた。ITの進展により働く場所の自由度が増し、ワーケーションやリモートワークによる二地域就労も可能になってきた。地方に目を向ける企業や会社員も現れており、このような多様な人材が農業や農村の再生に目を向ける取組みが求められる。地域の持続的な発展に向けた都市農村交流事業の中間支援機能は、その必要性を増していると言えよう。今後の研究課題としたい。

参考文献

[１]安倍澄子「農家女性の主体形成、家族経営協定・農村女性起業の取り組み」田代洋一編『日本農村の主体形成』筑波書房、2004年
[２]青木辰司「グリーン・ツーリズム―実践科学的アプローチをめざして」日本村落研究会編『グリーン・ツーリズムの新展開―農村再生戦略としての都市・農村交流の課題―』農山漁村文化協会、2008年
[３]青木辰司『転換するグリーンツーリズム―広域連携と自立を目指しめざして』学芸出版、2010年
[４]荒樋豊「日本農村におけるグリーン・ツーリズムの展開」、日本村落研究会編『グリーン・ツーリズムの新展開―農村再生戦略としての都市・農村交流の課題―』農山漁村文化協会、2008年
[５]江川章「新規参入からみた農村社会の展望」『戦後日本の食料・農業・農村第11巻農村社会史』農林統計協会、2005年
[６]後藤春彦「地域の再生と景観デザイン」、大森彌ほか『実践　まちづくり読本』公職研、2008年
[７]長谷政弘『新しい観光振興―発想と戦略―』同文館出版、2009年
[８]橋本卓爾・山田良治・藤田武弘・大西敏夫編『都市と農村―交流から協働へ―』日本経済評論社、2011年
[９]橋本卓爾「農業コミュニティビジネスの意義と役割―農山村再生方策に関連して―」『松山大学創立90周年記念論文集』松山大学、2013年、pp.131-152
[10]蓮見音彦『苦悩する農村―国の政策と農村社会の変容―』有信堂高文社、1998年
[11]保母武彦『内発的発展論と日本の農山村』岩波書店、1996年
[12]保母武彦『日本の農山村をどう再生するか』岩波書店、2013年
[13]本間正義『現代日本農業の政策過程』慶応義塾大学出版会、2012年
[14]細内信孝『みんなが主役のコミュニティ・ビジネス』ぎょうせい、2006年
[15]細内信孝『コミュニティ・ビジネス』学芸出版、2014年
[16]福武直『日本農村の社会的性格』東京大学出版会、1952年
[17]藤田武弘「日本型グリーン・ツーリズムと都市・農村連携」、橋本ほか『都市と農村―交流から協働へ―』日本経済評論社、2011年、pp.40-57
[18]藤田武弘「グリーンツーリズムによる地域農業・農村再生の可能性」、『農業市場研究』20-3、2012年、pp.24-36
[19]藤田武弘・大井達雄「都市農村交流活動における経済効果の可視化に関する一考察」、『観光学』12、2015年、pp.27-39
[20]藤山浩『田園回帰１％戦略』農山漁村文化協会、2016年
[21]井上和衛『都市農村交流ビジネス―現状と課題』筑波書房、2004年
[22]井上和衛『グリーン・ツーリズム―軌跡と課題』筑波書房、2011年

[23]井上正昭編著『農村版コミュニティ・ビジネスのすすめ―地域再活性化とJAの役割―』家の光協会、2009年
[24]糸山健介「農村振興における中間支援組織の展開条件に関する一考察：NPO法人グランドワーク西神楽を事例として」『北海道大学農経論叢』67、2012年、pp.33-38
[25]自治省過疎対策管理官室「過疎地域の現状と対策」、1972年
[26]風見正三・山口浩平編著『コミュニティビジネス入門―地域市民の社会的事業』学芸出版、2012年
[27]木下斉「コミュニティビジネスとまちづくりの新たなる展開」『コミュニティビジネス入門―地域市民の社会的事業』学芸出版、2012年、pp.163-182
[28]小林茂典「六次産業化のタイプ分け」『「農」の付加価値を高める六次産業化の実践』筑波書房、2013年、pp.12-21
[29]興梠克久編著『「緑の雇用」のすべて』日本林業調査会、2015年
[30]守友裕一『内発的発展の道―まちづくりむらづくりの論理と展望―』農山漁村文化協会、1991年
[31]増田寛也編著『地方消滅―東京一極集中が招く人口急減―』中央公論新社、2014年
[32]増田佳昭「農村ツーリズムの担い手たち―ドイツのPLENUMプロジェクトに学ぶ―」『農村版コミュニティ・ビジネスのすすめ―地域再活性化とJAの役割―』家の光協会、2009年
[33]松本典子「コミュニティビジネスのガバナンス」『コミュニティビジネス入門―地域市民の社会的事業』学芸出版、2012年、pp.93-109
[34]松谷明彦編著『人口流動の地方再生学』日本経済新聞出版社、2009年
[35]宮城道子「グリーン・ツーリズムの主体としての農村女性」、日本村落研究会編『グリーン・ツーリズムの新展開―農村再生戦略としての都市・農村交流の課題―』農山漁村文化協会、2008年
[36]宮口侗廸『改訂版　地域を生かす―過疎から多自然居住へ』原書房、2004年
[37]宮口侗廸『新地域を生かす――地理学者の地域づくり論』原書房、2007年
[38]宮本憲一『環境経済学』岩波書店、1989年
[39]宮本憲一・遠藤宏一編『地域経営と内発的発展―農村と都市の共生を求めて―』農山漁村文化協会、1998年
[40]宮本憲一『転換期における日本社会の可能性―維持可能な内発的発展―』公人の友社、2010年
[41]宮崎猛『日本とアジアの農業・農村とグリーンツーリズム』昭和堂、2006年
[42]溝尾良隆「観光の意義と役割」『観光学の基礎』原書房、2009年
[43]守友裕一『内発的発展の道―まちづくりむらづくりの論理と展望―』農山漁村文化協会、1991年
[44]日本村落研究学会編『消費される農村―ポスト生産主義下の「新たな農村問題」』農山漁村文化協会、2005年

[45]日本村落研究学会編『農村社会を組みかえる女性たち』農山漁村文化協会、2012年
[46]日本村落研究学会編『検証・平成の大合併と農山村』農山漁村文化協会、2013年
[47]岡田知弘ほか『国際化時代の地域経済学』有斐閣アルマ、2007年
[48]岡田知弘『一人ひとりが輝く地域再生』新日本出版社、2009年
[49]岡田知弘『地域づくりの経済学入門―地域内再投資力論―』自治体研究社、2013年
[50]小田切徳美「農山漁村地域再生の課題」、大森彌ほか『実践　まちづくり読本』公職研、2008年
[51]小田切徳美『農山村再生「限界集落」問題を超えて』岩波書店、2009年
[52]小田切徳美編『農山村再生の実践』農山漁村文化協会、2011年
[53]小田切徳美「イギリス農村研究のわが国農村への示唆」、安藤光義・フィリップ　ロウ編『英国農村における新たな知の地平』農林統計出版、2012年
[54]小田切徳美・藤山浩編著『地域再生のフロンティア―中国山地から始まるこの国の新しいかたち』農山漁村文化協会、2014年
[55]小田切徳美『農山村は消滅しない』岩波書店、2015年
[56]小田切徳美・筒井一伸編著『田園回帰の過去・現在・未来』農山漁村文化協会、2016年
[57]大江靖雄『都市農村交流の経済分析』農林統計出版、2017年
[58]大森彌ほか『人口減少時代の地域づくり読本』公職研、2015年
[59]大西隆ほか『これで納得！ 集落再生―「限界集落」のゆくえ』ぎょうせい、2011年
[60]大西敏夫「統計からみた和歌山県農業構造の展開動向」和歌山大学食農総合研究所『和歌山県農業展開史』中和印刷、2018年
[61]大浦由美「1990年代以降における都市農山村交流の政策的展開とその方向性」『林業経済研究』54-1、2008年、pp.40-49
[62]阪井加寿子・藤田武弘「都市から地方への移住促進における中間支援組織の役割と意義―和歌山県における取組みを事例として―」、『農業市場研究』24-2、2015年、pp.64-70
[63]阪井加寿子「日本における都市農村交流をめぐる時代背景の変化と研究の特徴」『観光学』第16号、2017年、pp.39-48
[64]阪井加寿子・貫田理紗「移住・定住と農村コミュニティの再生」『現代の食料・農業・農村を考える』ミネルヴァ書房、2018年、pp.233-249
[65]阪井加寿子・貫田理紗・藤田武弘「UIターン移住者の実態と農村移住支援についての考察―和歌山県紀美野町における移住者アンケートを事例に―」『農業市場研究』27-1、2018年、pp.30-37
[66]阪井加寿子「和歌山県における移住・定住施策」和歌山大学食農総合研究所『和歌山県農業展開史Ⅱ』中和印刷、2020年、pp.363-380

[67]佐藤真弓「経済とその再生」小田切徳美編『農山村再生に挑む』岩波書店、2013年、pp.83-101
[68]椎川忍ほか『平成の世間師たちが語る見知らん五つ星』今井印刷、2015年
[69]椎川忍ほか『地域おこし協力隊10年の挑戦』農山漁村文化協会、2019年
[70]田林明編著『商品化する日本の農村空間』農林統計出版、2013年
[71]田林明編著『地域振興としての農村空間の商品化』農林統計出版、2015年
[72]高橋信正編著『「農」の付加価値を高める六次産業化の実践』筑波書房、2013年
[73]田中輝美『関係人口をつくる―定住でも交流でもないローカルイノベーション―』木楽舎、2018年
[74]田代洋一『新版農業問題入門』大月書店、2003年
[75]田代洋一編『日本農村の主体形成』筑波書房、2004年
[76]田代洋一『農業・食料問題入門』大月書店、2012年
[77]田代洋一、小田切徳美、池上甲一著『ポストTPP農政―地域の潜在力を活かすために―』農山漁村文化協会、2014年
[78]徳野貞雄「農山村振興における都市農村交流　グリーンツーリズムの限界と可能性―政策と実態の狭間で」『グリーンツーリズムの新展開―農村再生戦略としての都市・農村交流の課題―』農山漁村文化協会、2008年、pp.43-93
[79]徳野貞雄『生活農業論―現在日本のヒトと「食と農」』学文社、2011年
[80]都市農村交流研究会『都市と農村の交流』ぎょうせい、1985年
[81]暉峻衆三『日本の農業150年』有斐閣、2013年
[82]鶴見和子・川田侃編『内発的発展論』東京大学出版会、1989年
[83]辻和良・植田淳子・藤田武弘「農村地域への移住者の実態と受入側の課題―和歌山県内受入協議会を通じたアンケートをもとに―」『農業市場研究』25-4、2017年、pp.61-67
[84]若林憲子「グリーンツーリズムの教育旅行による農家民宿・農家民泊受入と農業・農村の展開可能性」『地域政策研究』（高崎経済大学地域政策学会）15-3、2013年、pp.159-179
[85]若原幸範「内発的発展論の現実化に向けて」『社会教育研究』25、2007年、pp.39-49
[86]山崎光博・小山善彦・大島順子『グリーン・ツーリズム』家の光協会、2001年
[87]安村克己・堀野正人・遠藤英樹・寺岡伸悟編『よくわかる観光社会学』ミネルヴァ書房、2013年
[88]吉田忠彦「NPO中間支援組織の類型と課題」『龍谷大学経営学論集』2004年、pp.104-113
[89]図司直也『地域サポート人材による農山村再生』筑波書房、2014年
[90]Neil Ward, Jane Atterton, Tae-Yeon Kim, Philip Lowe, Jeremy Phillipson, Nicola Thompson（2005）Universities, the Knowledge Economy and 'Neo-Endogenous Rural Development' CRE Discussion Paper 1

あとがき

本書は、筆者が和歌山大学に提出した学位論文「都市農村交流事業における中間支援機能の今日的意義」(2019) を基礎として、若干の加筆修正及び時点修正を行ったものである。

筆者が「過疎」という農山村の課題に初めて触れたのは、和歌山県北部にある花園村（現かつらぎ町花園地域）を訪れた大学時代のことである。当時地域には、高度成長期に一家で離村した住民の家屋が廃屋となって残っていた。写真クラブに所属していた筆者をはじめ十数名の学生が、夏休みを利用して公民館で合宿し、地域の方々のお話を聞いて写真を撮らせていただいた。暑い夏の日に学生たちが地域を歩き回ると、特産である山椒の世話をしていた方は手を止めて相手をして下さり、訪問した農家では、学生と一緒に縁側に腰かけて話を聞かせて下さった。今から思えば、山村の過疎の始まりを記録する活動であり、また地域に赴いて住民から直接話を聞くという、筆者自身の活動の原点であった。遠い日の懐かしい思い出である。

その後、和歌山県庁に入庁し、公務に就いた。人事異動により2005年から５年間、都市と農村の交流や農村への移住を推進する地域振興の事業を担当させていただき、県内の各地域を回った。地域の皆さんは過疎化や高齢化が進む現状と向き合い、地域振興の情熱をもって体験型観光や移住者の受入れなど、都市農村交流の取組みを模索していた。筆者は地域を訪れ、住民の皆さんの元気な様子に力をいただいた。和歌山大学の橋本卓爾教授（現名誉教授）や観光学部地域再生学科の先生方にお世話になり、いくつかの地域でワークショップを行い、また新聞社と協力して田舎暮らしのモニターツアーなども行った。行政の立場で都市と農村の交流事業に携わり、地域の現状や住民の思い、また都市住民の考えを目の当たりにして「地域づくり」について考えた。

そのような折りに、先生方から和歌山大学大学院観光学研究科に、新しく博士後期課程が開設されるとお声がけをいただき、2014年4月から2019年3月までの5年間、大学院に入学して若い学生たちと研究活動を行った。

この間、和歌山大学の藤田武弘教授には一方ならぬお世話になった。研究の方向性を示唆していただき、学術論文や博士論文作成の際には、筆者の仕事の都合を考慮して夜の時間帯にゼミを開くなど、親身になって指導して下さった。感謝してもしきれない。

また、和歌山大学の橋本名誉教授、大浦由美教授、岸上光克教授、辻和良客員教授には、折々に暖かく御指導いただき、法政大学の図司直也教授には、地域サポート人材など本書にかかわる専門的な見地から御指導いただいた。さらに、和歌山大学の藤井至特任助教や植田淳子特任助教には、遅い時間までゼミに付き合っていただき、島根県中山間地域研究センターの貫田理紗研究員には、在学時代に移住者調査を共同で行っていただいた。心から感謝申し上げる。

そして、和歌山県紀美野町のＮＰＯ法人きみの定住を支援する会、西岡靖倫氏、田辺市の（株）秋津野、玉井常貴会長、木村則夫社長、那智勝浦町の色川地域振興推進委員会、新宅伸一会長、原和男副会長、事務局の大西俊介氏をはじめ、聞き取り調査などに協力していただいた地域の皆さんには、たくさんの示唆に富むお話を頂戴した。また、和歌山県の関係各課からも資料を提供いただいた。改めて感謝申し上げる。

また、本書の発刊にあたり御尽力いただいた筑波書房の鶴見治彦氏に感謝申し上げる。

最後に、研究活動を暖かく見守ってくれた家族に感謝している。研究活動や論文の作成は、仕事に支障が出ないよう休日などの勤務以外の時間を利用して行った。義母は「あといくつ山を越えないといけないの」と家事を肩代わりしてくれた。本当に感謝している。

退職にあたり本書を発刊することができたことは、望外の喜びである。筆者が所属していた和歌山大学観光学部の農山村ゼミナールでは、学生が農村や地域づくりの現場に赴いて住民と対話し、現状を確かめ、課題を見つけて研究を行う。このような地域での研究活動をきっかけに、卒業後は研究の道に進む者、公務員やJA職員、農家、「食」や「農」関係の企業、新聞社に就職する者など、目的を持って職業を選択する学生が育っている。人生において大学時代の学びや経験は貴重である。新型コロナウイルスの影響下で、全国の多くの学生が自らの研究活動が思うようにできないと感じていることだろうが、やがてコロナ禍は収束する。地域研究をめざす学生の皆さんには再び地域に赴き、自ら体験して状況を肌で感じ、研究活動を続けてほしい。若い皆さんの活躍に期待する。

2021年３月

阪井加寿子

著者紹介

阪井　加寿子（さかい　かずこ）

1960年、和歌山県生まれ。和歌山大学大学院観光学研究科博士後期課程修了。和歌山県職員。商工観光労働部労働政策課副課長、企画部過疎対策課副課長、商工観光労働部企業立地課長を経て、商工労働政策局長。和歌山大学食農教育研究センター客員教授。博士（観光学）。

主な著書
『現代の食料・農業・農村を考える』（共著）、ミネルヴァ書房、2018年
『大学的和歌山ガイド―こだわりの歩き方』（共著）、昭和堂、2018年
『和歌山県農業展開史Ⅱ』（共著）、中和印刷紙器、2020年

都市農村交流事業による地域づくり

農村における中間支援機能に注目して

2021年3月31日　第1版第1刷発行

著　者　阪井 加寿子
発行者　鶴見 治彦
発行所　筑波書房
東京都新宿区神楽坂2－19 銀鈴会館
〒162－0825
電話03（3267）8599
郵便振替00150－3－39715
http：//www.tsukuba-shobo.co.jp
定価はカバーに示してあります

印刷／製本　平河工業社

ISBN978-4-8119-0593-8 C3033